中国结创意设计与制作
手链篇

魏 静 沈美妍 陈 莹 著

电子工业出版社
Publishing House of Electronics Industry
北京·BEIJING

内容简介

本书是中国结创意设计与制作系列丛书之一。

本书共八章，内容包括中国结概述，中国结基本知识，基础结编制技法，手链设计与技法，结与绕线手链设计制作，结与串珠手链设计制作，结与配件手链设计制作，结与多元素组合手链设计制作。

本书以中国结技法为核心，以手链设计制作为载体，从中国结概述到基础结编制技法的论述，为学习者掌握中国结编制打下必备基础；通过手链设计、材料、搭配艺术的介绍，不断提升学习者对美的感悟与审美品位；从各式手链的设计制作到各种材质的综合运用，全面掌握手链编制的基本技法与应用技巧。本书内容涵盖面广，融知识性、技术性与专题性于一身，着重体现中国结在手链单品的创新与应用。通过多款精美时尚的手链制作，将中国结传统技艺与现代艺术相结合，并进行时尚转换与创新应用。不仅传达了中国结文化精神及当下审美理念，还促进了传统结文化的传承与发展。同时运用现代化学习手段，制作了部分款式的视频教程，既可有效促进教学重、难点的突破，又便于网络传播与自主式、碎片式、社会式学习。

本书既可作为本专科生、成人教育手工 DIY 教学用书，也可作为手工体验培训用书，还可作为编结爱好者的有益读物。

图书在版编目（CIP）数据

中国结创意设计与制作：手链篇 / 魏静，沈美妍，陈莹著 . 一北京：电子工业出版社，2022.8

ISBN 978-7-121-44117-2

Ⅰ . ①中… Ⅱ . ①魏… ②沈… ③陈… Ⅲ . ①绳结－手工艺品－制作－中国 Ⅳ . ① TS935.5

中国版本图书馆 CIP 数据核字 (2022) 第 145765 号

责任编辑：赵玉山

印　　刷：中国电影出版社印刷厂

装　　订：中国电影出版社印刷厂

出版发行：电子工业出版社

　　　　　北京市海淀区万寿路 173 信箱　　邮编：100036

开　　本：7200×1000　1/16　印张：10.25　字数：230 千字

版　　次：2022 年 8 月第 1 版

印　　次：2022 年 8 月第 1 次印刷

定　　价：69.00 元

凡所购买电子工业出版社图书有缺损问题，请向购买书店调换。若书店售缺，请与本社发行部联系，联系及邮购电话：（010）88254888，88258888。

质量投诉请发邮件至 zlts@phei.com.cn，盗版侵权举报请发邮件至 dbqq@phei.com.cn。

本书咨询联系方式：zhaoys@phei.com.cn。

中国结是中国特有的民间手工编结艺术，它以独特的东方神韵、丰富的结艺变化、多彩的色泽表达，充分体现了中国人民的智慧和深厚的文化底蕴。然而，从出版的相关书籍中不难看出，大多数学者或艺人对中国结的研究仅停留在对结艺的技法研究上，对如何应用中国结创新创意谈及甚少。为此，本书带着对中国结传承与拓展的初心，通过对手链单品的设计、色彩、材料、技法、搭配等方面的专题研究，传达中国结艺文化精神及当下审美理念，使传统工艺与现代饰品相结合，促进传统结文化的传承与发展。在追求个性化的今天，中国结以其独特的艺术魅力、装饰和实用的性能、随心所欲的乐趣，已经不可抗拒地在我们身边流行起来，并悄悄走进大中小学素质教育、手工劳动等课堂，成为社会手工体验培训的内容。它像风一样渗透到我们生活的方方面面，带来巨大的市场前景。

一、本书特点

1. 主题突出，注重中国结的诠释。以中国结艺技法为核心，以手链单品设计制作为专题，突出中国结在手链中的应用。

2. 款式精美，注重结艺的传承与创新。汇集时尚流行元素，通过多款手链的设计创新，用现代人的审美视觉诠释中国结时尚之美，给读者展现精美丰富的时尚盛宴。

3. 内容丰富，注重结艺技法的归纳总结，使学习者系统了解中国结知识体系，便于举一反三、灵活应用。

4. 配备微视频，注重现代化学习手段的运用。增加部分款式的制作视频，既可有效促进教学重、难点的突破，又便于网络传播与自主式、碎片式、社会式学习。

二、编写思路

以中国结文化与技法为核心，以其在手链单品上应用为载体，构建了"中国结及基本知识—手链设计与技法—手链设计制作实例"的知识体系。通过结与绕线、结与串珠、结与配件、结与多元素组合四个方面，将中国结传统技艺与现代艺术相结合，进行时尚转换与创新应用。通过 30 款精美时尚的手链单品设计制作，详实论述了手链的色彩搭配、材料选择与设计细节的创新。

三、编写团队

本书编写团队由多年从事首饰设计的教师及手工设计师组成，教学与培训经验丰富，具有很强的设计创新能力、综合实践能力及市场洞察力，多次获批浙江省中小学师资培训项目，出版了《首饰设计基础（串珠、编结篇）》，获项链（舞蝶）、毛衣链（娇之媚）等外观设计专利 5 项。汝意饰品工作室为本书提供了素材，为本书顺利而有效编写发挥了积极作用。本书注重知识性、趣味性、审美性、实践性，可使学习者真正学有所获。

本书第一章由魏静、马俊淑编写；第二章由魏静、王一涵编写；第三章由沈美妍编写；第四章由魏静、马俊淑编写；第五章、第六章由沈美妍、陈莹、章瓯雁编写；第七章由沈美妍、张跃、邱波编写；第八章由沈美妍、李延拓编写。微视频由沈美妍、陈莹制作。

由于我们水平有限，且时间仓促，书中难免有错、疏漏和欠妥之处，敬请结艺界的专家、院校师生和广大读者予以批评指正。并对本书被引用作品的作者表示感谢！

作者
2021 年 8 月

目录

第一章 中国结概述

第一节 中国结简介　　　　　　　　　　　　002

第二节 中国结的色彩搭配　　　　　　　　　004

第三节 中国结应用与创新　　　　　　　　　010

第二章 中国结基本知识

第一节 中国结名词术语　　　　　　　　　　018

第二节 中国结常用线材与工具　　　　　　　026

第三节 中国结常用配件　　　　　　　　　　031

第三章 基础结编制技法

第一节 基础单结编制技法　　　　　　　　　040

　　一、纽扣结　　　　　　　　　　　　　040

　　二、双联结　　　　　　　　　　　　　041

　　三、秘鲁结　　　　　　　　　　　　　043

　　四、琵琶结　　　　　　　　　　　　　044

　　五、凤尾结　　　　　　　　　　　　　045

　　六、双钱结　　　　　　　　　　　　　046

　　七、桃花结　　　　　　　　　　　　　047

　　八、如意结　　　　　　　　　　　　　048

　　九、桂花结　　　　　　　　　　　　　049

　　十、同心结　　　　　　　　　　　　　050

　　十一、吉祥结　　　　　　　　　　　　051

第二节 基础线形结编制技法　　　　　　　　052

　　一、平结及组合　　　　　　　　　　　052

　　二、蛇结及组合　　　　　　　　　　　054

　　三、金刚结及组合　　　　　　　　　　055

　　四、玉米结及组合　　　　　　　　　　056

　　五、雀头结及组合　　　　　　　　　　057

　　六、斜卷结及组合　　　　　　　　　　058

　　七、四股辫　　　　　　　　　　　　　059

　　八、八股辫　　　　　　　　　　　　　060

　　九、十六股辫　　　　　　　　　　　　061

第三节 装饰物件编制技法　　　　　　　　　062

　　一、绕线与线圈　　　　　　　　　　　062

　　二、菠萝结　　　　　　　　　　　　　064

　　三、平结线圈　　　　　　　　　　　　065

第四章 手链设计与技法

第一节 手链设计搭配 068

第二节 手链及构成 078

第三节 手链编结技法 082

第五章 结与绕线手链设计制作

第一节 扣连心弦手链设计制作 086

第二节 金刚结缘手链设计制作 088

第三节 如意呈祥手链设计制作 090

第四节 双钱献福手链设计制作 092

第五节 桂馥兰香手链设计制作 094

第六节 炫彩花艳手链设计制作 096

第七节 犹抱琵琶手链设计制作 098

第八节 天天桃花手链设计制作 100

第九节 锦之秀慧手链设计制作 102

第六章 结与串珠手链设计制作

第一节 鸿运久久手链设计制作 106

第二节 竹报平安手链设计制作 108

第三节 溯玉流珠手链设计制作 110

第四节 水木年华手链设计制作 112

第五节 冰清玉润手链设计制作 114

第六节 淡漠高洁手链设计制作 116

第七节 风紫娇姿手链设计制作 118

第八节 雅淡幽姿手链设计制作 120

第九节 同心永结手链设计制作 122

第七章 结与配件手链设计制作

第一节 幻彩情调手链设计制作 126

第二节 玉兔雀跃手链设计制作 128

第三节 花珠欣舞手链设计制作 130

第四节 双喜良缘手链设计制作 132

第五节 吉祥如意手链设计制作 134

第六节 轻云出岫手链设计制作 136

第八章 结与多元素组合手链设计制作

第一节 雀跃欢歌手链设计制作 140

第二节 碧桂珠丹手链设计制作 142

第三节 精灵物语手链设计制作 145

第四节 静待花开手链设计制作 148

第五节 花团锦簇手链设计制作 151

第六节 一剪寒梅手链设计制作 154

第一章 中国结概述

一、中国结及其由来

（一）什么是中国结

中国结全称为"中国传统装饰结"，是中国特有的手工编织工艺品。中国结两个绳头千缠万绕，盘根错节，一个结扣着一个结，一段绳依偎着一段绳，你中有我，我中有你。把不同的单结互相结合，或与其他饰物搭配组合，就形成了造型独特、绚丽多彩、寓意深刻、内涵丰富的中国传统吉祥装饰物。

（二）中国结由来

中国结的由来已久，始于上古，兴于唐宋，盛于明清。寻找中国结的由来可以追溯到文字发明以前的结绳记事。据《周易·系辞》载："上古结绳而治，后世圣人易之以书目契。"东汉郑玄在《周易注》中道："结绳为记，事大，大结其绳，事小，小结其绳。"随着历史的变迁，结绳记事被文字所代替。但结绳艺术并没有消失，而是以各种形状的饰品随着时间一直流传至今。结绳不仅作为一种装饰的形态存在，而且承担着记述历史、传播文明的责任。

中国结所显示的精致与智慧正是中华古老文明的一个侧面。由旧石器时代的缝衣打结，至汉朝的仪礼记事，再演变成今日的装饰艺术，其多用于装饰室内、馈赠亲友及随身饰物。中国结代表着团结、幸福、平安，特别是在民间，它精致的做工深受大众的喜爱。中国结是中国人流传千载的手工编织艺术品，它蕴含着丰富的华夏文化底蕴，彰显出中华民族特有的人文理想和文化追求。

二、中国结的文化内涵

中国结已有两千多年历史，由传统服饰、吉祥挂饰、宗教法物演变成精美的装饰品，既具有浓郁的民族气息，又具有现代传统文化内涵，体现了我国古代的文化信仰及浓郁的宗教色彩，以及人们追求真、善、美的良好愿望。

中国结漫长的文化积淀，渗透着中华民族特有的文化精髓。它有着复杂曼妙的曲线，有着飘逸雅致的韵味，是炎黄子孙心连心的象征；它或象征着幸福，或隐喻着爱情，或呼唤着友谊，或赞美着生命；它有时是喜庆的标志，有时是智慧的图腾；它烘托着欢乐，燃烧着热情，代表着祥和，寄托着中国人民对未来的憧憬，它所显示的情致与睿智充分体现着中华古老文明。

三、中国结的寓意

中国结在漫长的演变过程中不仅具有造型、色彩之美，还具有深刻寓意，用"结"这种无声的语言来寄寓吉祥，体现着人们追求真、善、美的良好愿望。在民间，除夕之夜长辈用红丝绳穿上百枚铜钱作为压岁钱，以求孩子"长命百岁"；端午节用五彩丝线编制成绳，挂在小孩脖子上，称为"长命缕"；本命年里为了驱病除灾，将红绳扎于腰际；在扇子上装饰一个"吉祥结"，代表大吉大利，吉人天相，祥瑞美好；在新婚的帖钩上装饰一个"盘长结"，寓意一对相爱的人永远相随相依，永不分离。中国结是中国人善良的信物和智慧的结晶，代表着美好、祥和、幸福及人们对未来的憧憬与心愿。下面再以九个单结说明具体结的寓意，见图1-1。①金刚结：寓意祈保平安，遣除违缘，帮助我们成就心中的愿望，增加幸福感，见图1-1（a）；②雀头结：也称心结（挂吊坠后很像心形），象征着喜上眉梢、心情愉悦，见图1-1（b）；③盘长结：象征千回百转，相依相随，永无终止，长命百岁，被赋予了生命之源，见图1-1（c）；④同心结：由于其两结相互交织，常被作为爱情的象征，代表白头偕老、相依相随、永结同心，见图1-1（d）；⑤双钱结：形似两个古铜钱相连，寓意平安吉祥、富贵满满、好事成双，见图1-1（e）；⑥吉祥结："吉祥"有祥瑞、美好之意，讲究喜庆与吉祥，体现着人们追求吉人天相、吉祥康泰、吉祥如意的良好愿望，见图1-1（f）；⑦团锦结：象征花团锦簇，前程似锦，吉庆祥瑞，见图1-1（g）；⑧凤尾结：因结体呈凤凰尾巴的形状，故而得名，象征着龙凤呈祥、事业发达、财源滚滚，见图1-1（h）；⑨祥云结：形似祥云，寓意祥云绵绵、瑞气涛涛、吉祥福运，所有美好都会在最后相遇，见图1-1（i）。

 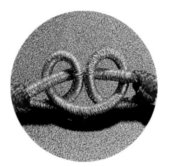 

（a）金刚结　　　　　　　（b）雀头结　　　　　　　（c）盘长结

图1-1 九个单结

（d）同心结　　　　　　　（e）双钱结　　　　　　　（f）吉祥结

（g）团锦结　　　　　　　（h）凤尾结　　　　　　　（i）祥云结

图1-1　九个单结（续）

第二节　中国结的色彩搭配

一、色彩的概念

色彩是光从物体反射到人的眼睛，引起的一种视觉心理感受。色彩按字面理解可分为色和彩，所谓色是指人对进入眼睛的光传至大脑时所产生的感觉；彩则指多色的意思，是人对光变化的理解。

（一）色彩的三原色

所谓原色，又称为第一次色或基色，即R（红）、G（绿）、B（蓝），用以调配其他色彩的基本色。原色的纯度最高，最纯净、最鲜艳，可以调配出绝大多数色彩，而其他色彩不能调配出三原色，见图1-2。

（二）色彩的属性

1. 色相

色相是指色彩的相貌，是色彩最显著的特征，是不同波长的色彩被感觉的结果。光谱上的红、橙、黄、绿、青、蓝、紫就是七种不同的基本色相，见图1-3。

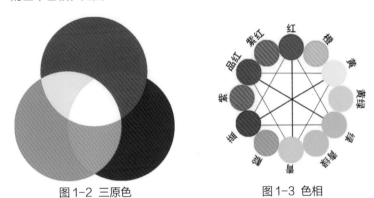

图1-2 三原色　　　　　　　图1-3 色相

2. 明度

明度是指色彩的明暗、深浅程度的差别，它取决于反射光的强弱。色彩的明度具体分为两种情况，一种是同色相的不同明度，一种颜色中加入黑色或加入白色都会引起明度的变化；另一种是不同色相具有不同明度，例如黄色明度最高，紫色明度最低，绿、红、蓝、橙的明度相近，为中间明度，见图1-4，图1-5。

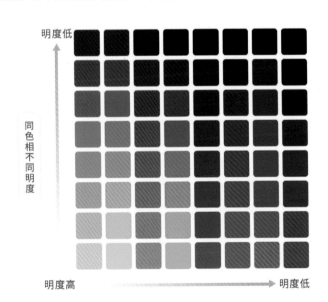

图1-4 明度

同色相不同明度 　　　不同色相不同明度

图1-5 色相与明度

3. 纯度

纯度指色彩色素的纯净和浑浊的程度，也称色彩的饱和度。纯正的颜色无黑白或其他颜色混入。纯度低的颜色给人素养、柔和、含蓄之感。纯度高的颜色给人鲜明、突出、有力之感。任何一种颜色与无彩色系黑白灰混合均可降低纯度，见图1-6。通常用一个水平的纯度色阶来表示色彩的纯度变化，见图1-7。

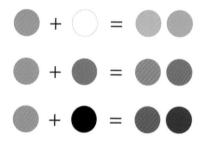

图1-6 纯度变化

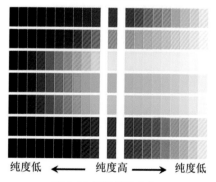

纯度低 ←—— 纯度高 ——→ 纯度低

图1-7 纯度色阶变化

二、色彩的视觉感受

不同的色彩搭配在传统意义上会给人们不同的视觉心理感受，主要包括色彩的冷暖感、色彩的轻重感、色彩的软硬感、色彩的进退感、色彩的大小感、色彩的华丽与质朴感、色彩的兴奋与沉静感等。

（一）色彩的冷暖感

色彩本身并无冷暖的温度差别，是色彩对视觉的作用而引起人们对冷暖感觉的心理联想。波长长的色彩给人以温暖之感，波长短的色彩则有寒冷之感。暖色，如红、橙、黄、紫红等，让人联想到太阳、火焰、热血等物像，产生温暖、热烈、扩张的感觉，表现生动活泼、积极有力。暖色系的物品给人以温暖柔和的感觉。冷色，如靛青、紫、蓝、绿等，易使人联想到天空、冰雪、海洋等物像，可产生寒冷、理智、平静的感觉，冷色系的物品让人感到开阔通透、沉稳塌实。

（二）色彩的轻重感

色彩的轻重感主要与色彩的明度有关。明度高的色彩易产生轻柔、飘浮、上升、灵活的感觉。明度低的色彩易产生沉重、稳定、降落的感觉。

（三）色彩的软硬感

色彩的软硬感主要来自色彩的明度和纯度。明度越高越具有软感，明度越低越具有硬感。纯度低、明度高的色彩有软感，中纯度的色彩呈柔感，纯度高、明度低的色彩呈硬感，纯度越高则硬感越明显。

（四）色彩的进退感

由于各种不同波长的色彩在视网膜上成像有前后，所以使得色彩有进退感觉，如红、橙等波长长的色彩成像靠后，感觉比较近，蓝、紫等波长短的色彩则成像靠前，因此感觉就比较远。一般暖色、纯色、高明度色、强对比色等都有前进感；相反，冷色、浊色、低明度色、弱对比色等都有后退感。

（五）色彩的大小感

色彩的大小感主要是由色彩的色相和明度决定的，一般暖色、高明度色等有扩大、膨胀感，而冷色、低明度色等则有内聚、收缩感。

（六）色彩的华丽与质朴感

色彩的华丽与质朴感和色彩的三要素有很大关系，其中纯度的影响最大。高纯度、高明度、强对比的色彩感觉华丽、辉煌。低纯度、低明度、弱对比的色彩感觉质朴、古雅。但无论何种色彩，只要加上金属光泽，都能获得华丽的效果。

（七）色彩的兴奋与沉静感

鲜艳而明亮的高纯度、高明度色彩给人以兴奋感，素雅暗沉的低纯度、低明度色彩具有沉静感。同时暖色调具有兴奋感，冷色调具有沉静感。

三、色彩搭配

色彩搭配是首饰设计中的一项重要环节，合理的色彩搭配能够呈现出耳目一新的效果，能吸引人的目光，并为人们带来不同的心理联想和感受。色彩搭配将直接影响整件作品的风格和氛围。

（一）同类色搭配

同一色相中不同倾向的系列颜色被称为同类色，如黄色可分为柠檬黄、中黄、橘黄、土黄等，都称之为同类色。

（二）邻近色搭配

邻近色就是在色带上相邻的颜色，例如绿色和蓝色，红色和黄色就互为邻近色，见图1-8。

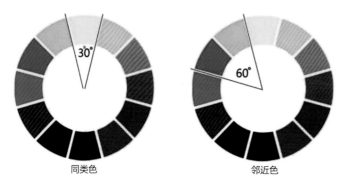

图1-8 同类色和邻近色

（三）对比色搭配

在色相环上相距120度到180度之间的两种颜色，称为对比色。

运用对比色是构成明显色彩效果的重要手段，也是赋予色彩以表现力的重要方法，色彩对比效果丰富，鲜明跳跃。

（四）互补色搭配

色相环中相隔180度的颜色被称为互补色，如红与绿、蓝与橙、黄与紫。补色并列时，会引起强烈对比的色觉，会感到红的更红、绿的更绿，如将补色的饱和度减弱，便能趋向调和，见图1-9。

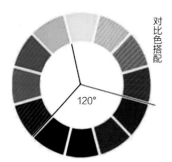
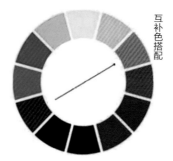

图1-9 对比色和互补色

（五）金属色搭配

金属色搭配是比较受现代消费者欢迎的搭配方式之一，金属色具有独特的光泽与精致的质感，自身便带有一种高级感，给人以富贵吉祥的视觉效果。金属色搭配运用到首饰设计中可增添品质感、彰显气质，使整个色调显得更加端庄大气而又生动有趣。

四、中国结色彩特点与选择

色彩是人类对美的直观表达。中国结的设计与编制一直秉承着民间美术艳丽、明快的色彩搭配原理，并将"纯度高，对比强"的色彩学法则应用于中国结创作中，以达到华美典雅的视觉效果，通常选取大面积高纯度色彩（如红色、黄色、绿色），来营造中国结喜庆热闹的整体氛围，有时会在里面穿插少量的搭配色，使其更加生动灵活。中国结色彩积淀了人们从古至今代代传承下来的浓烈的生命意识与精神寄托。

（一）红色

红色在中国古代有着至尊至贵的地位，因为它传达着喜庆、热烈、激情等含义，象征着夏天、太阳、生命力、红红火火等。红色使人们感到更温暖、更健康、更长寿，因此红色被认为是人类所运用的最古老的颜色，伴随着人类的发展也成了一种特定的符号内涵和文化寓意。红色展现了庄重、神圣之意，在中国结中占有重要的地位。

（二）黄色

在传统文化习俗中，黄色始终被尊奉为高贵而神圣的正色。对中国人色彩观产生重要影响的"阴阳五色说"中，黄色属土，而土居中央方位，故被认为黄色是万物之色形成的基础，居于诸色之上，是最美的颜色。后来黄色成为皇室专用的颜色，代表了至高无上的皇权、尊贵、威严、高贵。红、黄色作为中国结的主流颜色，代表了中国人对美好生活的向往，体现了中华民族对真、善、美的追求。

（三）绿色

绿色是大自然的颜色，属于比较幽静的色彩。它时刻包围着我们，是我们赖以生存的环境的颜色，因此绿色象征着生命和希望，生命的每一种状态都能在不同的绿色中找到对应。绿色后来发展为各种颜色的应用，配以各异的形式，呈现了中国结独有的绿色之美——春和日丽、万物复苏、富有生机。

第三节 中国结应用与创新

一、中国结的应用

　　绳结本身不仅有着装饰作用，而且作为装饰构件，有很强的组合性和兼容性，同时有着比较自然的亲和力，能够满足人们追求美的体验，更是新内涵的创造基础。因此，到处都能见到中国结的身影，它已完美地融入人们生活的方方面面。如在欢乐的节日里，在绚丽的舞台上，在时尚的潮流中，在商场的橱窗里，在新婚的洞房内，在人们的物件中，在老百姓的家居中，在单位的大门口，在孩子们的胸前，在姑娘们的脖颈上，在新娘的头发上，都有中国结的身影。这些都是对中国结文化艺术形式的借鉴，对美好寓意的延伸，对其文化的传承。古老的中国结以它特有的风韵活跃在人们的视野里，换发着旺盛的生命力。

　　（一）室内外装饰

　　中国结可用于舞台、商店、街巷、家装、婚庆、寿宴等多种室内外喜庆场合的布置与装饰，见图1-10、图1-11。

图1-10　街巷挂饰与挂灯

图1-11　婚床装饰

（二）物件装饰

1. 物品装饰

中国结可用于物品装饰，如扇坠、宝剑、笛箫、鼓棒、梳子、书签、笔记本、车挂等，见图1-12。

图1-12 物品装饰

2. 随身物件装饰

中国结可用于随身物件的装饰，如香囊、腰挂、包挂、钥匙链、手机链、鞋子、围巾、烟袋等，见图1-13。

图1-13 随身物件装饰

3. 服饰类装饰

中国结可用于服饰类装饰，如戒指、耳坠、手链、项链、腰带、发簪、压襟、旗袍盘扣、中式服装、舞台表演服等，见图1-14。

图1-14 服饰类装饰

（三）家居陈设

中国结可用于家居陈设，如装饰画、壁挂、窗帘、帐钩、画轴下方的风镇、灯具、抱枕、茶具、桌旗布等，见图1-15、图1-16。

图1-15 家居陈设1

图1-16 家居陈设2

（四）标志与包装

中国结可用于标志与包装，如标志设计、礼品包装盒、包装袋等，见图1-17～图1-19。

图 1-17 标志与包装 1

图 1-18 标志与包装 2　　　　图 1-19 标志与包装 3

二、中国结设计创新

（一）碰撞与融合

创新设计是一个国家不断发展的民族文化观和美学观的体现，在多元化发展的今天，深入探索如何将中国结巧妙地运用在绘画、雕刻、建筑、服饰、家居、饰品等领域，将不同领域的技术与艺术、工艺与设计、继承与创新进行交织、融合，在不断的碰撞中演化发展，以结艺的形式融入人们的精神，这将有利于解放思想、拓展设计思路，为中国结的设计创新提供广阔空间，这也是对中国"和合文化"最美的诠释。

（二）中国结与设计原则

随着时代的快速发展，中国结设计在基因要素不变的情况下，也要与时俱进、不断创新。因此活化设计内涵与设计理念，赋予时代新意便成了设计者们急需解决的关键问题。设计者需要深入研究新时代人们的生理、心理需求。为了缓解人们的精神压力，便需要积极向上、热情洋溢的艺术表现形式。而中国结在编织过程中强调凝心静气、物我合一，在一定程度上能够慰藉人们焦躁的心理，中国结特殊的表现形式正符合当下时代人们的心理需求。

（三）中国结与文创结合

"吉"是人类永恒的追求，中国结作为富有生命力的民间技艺，自然成为中华传统的文化精髓，并一直流传至今。不同造型的中国结有不同的内涵、寓意，可以表达美好祝福，也可传达忠心至诚的祈求和心愿。文创产品在当今文化市场的发展中，显现出越来越重要的地位，文化创意衍生品被赋予了传统的文化内涵和艺术特色，是一种极具地域性和代表性的文化展现。中国结与文创产业相结合，不断挖掘其艺术表现形式和文化内涵，引导文化创意设计，可以满足更多消费者对审美价值的需求，让传统的文化瑰宝能够紧贴大众生活，呈现一种活态化传承。

（四）中国结与材料运用

中国结制作材料的选择从一定角度上来说可以决定其艺术作品的表现手法、表现形式和作品的最终表现效果。中国结的制作材料已向多元化发展，在早期常用如草、藤、麻、枝等柔韧的线状材料来制作，后来出现了我们常用的丝、棉、麻、尼龙、混纺等材料。随着科技的进步，新材料、新工艺的出现，编制材料更是多种多样，给中国结艺造型的创作提供了广阔的发展空间。加上各种材质配件的变化，更增强了中国结装饰的功能和适用的范围。如果再配以各种饰品，如宝石、金属、陶瓷等，中国结更是变化无穷，令人叹为观止，可以变幻成千百种造型，成了巧夺天工的艺术品。可以通过材料的多样选择与组合创造出丰富独特的肌理，这是其他艺术形式所无法比拟的。特殊的肌理美不仅造就了中国结所具备的独特装饰美感，并且还产生了千变万化的美好视觉形态。材质与艺术观念的不断进步与提高，使得现代中国结的整体水平超越了传统造型，得到更为大胆与新颖的升华。

（五）中国结与技法创新

1. 结艺技法与其他手工艺的融合。

传统意义上的中国结艺术形式，已经不足以满足消费者对于个性化事物的需求，这就要求设计师们通过新思维、新观念来重新打造、构建中国结艺术的新内涵。这需要将多种结艺技法进行融合，如结艺与刺绣技法、珠绣技法、木艺技法的融合等，不断挖掘与开拓新材料、新工艺，展示更多更加丰富的生活方式。

2. 结艺技法从平面到立体的衍生。

中国传统装饰结，其绳编结构是二维空间的演绎变化，有疏密、宽窄、凹凸、间隔、连续的变化，形成丰富多彩、变化万千的结饰。如今，随着结艺技术与艺术的不断深化，形成了立体绳结三维空间概念的衍生作品（如动物、植物等），类似雕塑艺术中的圆雕艺术，使线状材料通过编制成结或有序排列等方法的组合，实现由平面到立体的转换，见图1-20。

图1-20 立体绳结

国际知名设计师香奈尔曾说过"时尚易失，风格永存"，流行永远在变，但中国"基因"永远不变。中国结并没有仅仅停留在功能层面，而是在各个时代产生了无穷无尽的创新发展。发扬中国"结文化"，将其元素与现代科技、艺术价值、实用功能、创意设计和市场需求相结合，以创新设计力量赋予"结文化"以时代新意。

第二章 中国结基本知识

第一节 中国结名词术语

关于中国结的名词术语在已出版的书籍中鲜有论述，因此在民间的说法、叫法也不尽相同，这种情况不利于交流与传承。为此本书对常用名词术语进行了规范与说明，旨在促进中国结知识的准确表达，促进其体系的形成。

一、线的名词术语

（一）绳结

绳结是指用绳子或线材打出各种各样的结式的总称，贯穿中国结的始终。

（二）编线

编线是指用来编制各种结的线（亦称绳）。根据具体结式，有1条编线（如凤尾结）、2条编线（如双联结、蛇结、平结等）及多条编线（如玉米结、八股辫等），见图2-1。

（三）轴线

轴线是指用来起支撑或衬垫作用的线，可分为单轴线或双轴线（简称单轴或双轴），一般与编线结合使用，编线围绕轴线编制成结体，见图2-2。根据花型需要，轴线与编线可以互换。

（四）芯线

芯线是指在编线内部隐藏着的线，主要有两个作用：其一，为了增加手链的挺括度，起到支撑作用；其二，为了满足串珠需要，芯线一般用72号玉线或更细的线，可以巧妙地将粗线换成细线穿过珠孔。见图2-3，可剪断粗线（紫色线），用细线串珠（蓝色线）。

（a）1条编线

（b）2条编线

（c）4条编线

（d）8条编线

图2-1 编线

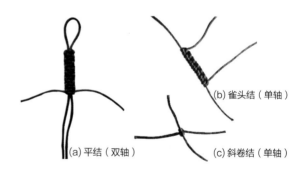

(a) 平结（双轴）
(b) 雀头结（单轴）
(c) 斜卷结（单轴）

图2-2 轴线

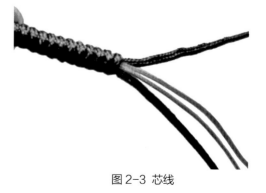

图2-3 芯线

（五）线环

线环俗称套、环套，是编结的过程形成环状物的总称。线环是中国结编制中最重要的特征之一。例如，可用一根线交叉做一环，再继续做环，还可以环中套环；或用一根线交叉做一环，再环中套环，见图2-4。

(a) 用一根线同时做两个环，再环中套环

(b) 用一根线做三个环，再双线压环

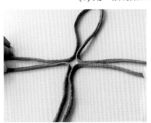

(c) 一根线在另一根线（轴线）上绕线（打结）

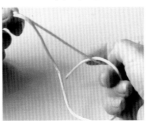

(d) 线与线交叉、穿插、挑压

图2-4 线环

（六）穿线

穿线简称穿，是指编线穿进线环中，可单线穿入或双线穿入，见图2-5。穿线可根据具体用法分为穿一个环、两个环或多个环。

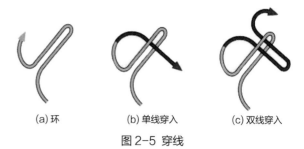

(a) 环　　　(b) 单线穿入　　　(c) 双线穿入

图2-5 穿线

（七）挑线、压线

挑线是指编线从前面编线的下方通过，即把前面编线挑上来之意，简称挑。压线是指编线从前面编线的上方通过，即把前面编线压下去之意，简称压，一般挑与压两者结伴使用。以双钱结构成为例，图2-6(a) 红线表示上一步骤线，绿线表示当前步骤线，空心箭头线表示下一步骤线。图2-6(b) 从左向右分别为压红线、挑红线、压绿线、挑红线。

(a) 不同步骤　　　(b) 压线、挑线

图2-6 挑线、压线

（八）走线图

走线是指编结的路线，是以图解的形式表达编线的走向，走线图可以有效帮助学习者掌握编结方法。以酢浆草结的走线图为例，可分步骤表示其路线，其中黑线表示为当前步骤，见图2-7。

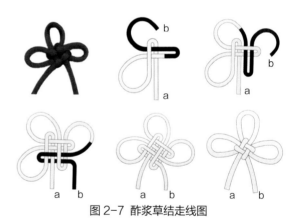

图2-7 酢浆草结走线图

（九）包套

包套简称为包，是指编线在一个或多个套的底下穿过去，再从一个或多个套的上面穿回来，反之亦然。相当于编线把这个套或多个套包住之意，用黑实线表示两种包线，见图2-8。

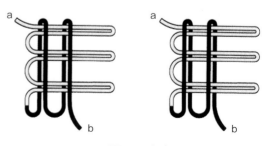

图2-8 包套

（十）加线

加线多为加编线。一般在轴线上加编线，加编线可以是一条或多条；可以是粗线，也可以是细线，可以是相同颜色的线，也可以是不同颜色的线，见图2-9。

(a) 加粉色与金色线　　　　　(b) 加浅绿色与咖色线

图 2-9 加不同颜色线

（十一）调线

编结讲究三分编，七分调。刚编出的结形是一个松散的或不在所需位置上，要经过调整编线的位置与松紧后才能最后成型，调整的关键是找到线的走向，用"跟踪追击"的方法，一点一点地将线调整至所需位置，例如将纽扣结上面的线环量移动到（调至）结外（没有线环），见图2-10。

图 2-10 调线

二、结的名词术语

（一）单结

单结是指按照某种方法编制的最基本的单元结。结体不同，纹理与形状也各不相同，据不完全统计，单结就有近百种，也是中国结的核心内容之一。单结按其形状特点，分为点状单结与面状单结。

1. 点状单结。单结构成占据的空间比较小，相当一个点，见图2-11。

2. 面状单结。单结构成占据一定的空间，相当一个面，见图2-12。

(a) 纽扣结　　(b) 藻井结　　(c) 蛇结

(d) 双联结　　(e) 秘鲁结　　(f) 同心结

图 2-11 点状单结

(a) 凤尾结　　(b) 琵琶结　　(c) 双钱结

(d) 团锦结　　(e) 冰花结　　(f) 吉祥结

图 2-12 面状单结

（二）结面

结面是对于正反面有区别的结而言的。以酢浆草结为例，结面分为人字面和入字面，在编组合结时需注意结面一致，见图2-13。

(a) 人字面　　　　　　　(b) 入字面

图2-13 结面

（三）活结、死结

活结（也称活扣）是左右线交叉打一个结，可左线在上，也可右线在上。活结可以滑动、活络，见图2-14(a)。死结（也称死扣）是在活结的基础上，左右线再交叉打一个结，但这个结左右线正好与活结的左右线相反才打得牢固。死结是不能活动的，具有稳固性，见图2-14(b)。

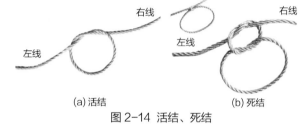

(a) 活结　　　　　　　(b) 死结

图2-14 活结、死结

（四）耳翼

1. 耳翼。耳翼是线环状，与线环不同的是耳翼形成的线环在边缘，并行排列，多指构成花瓣造型的环，分为单线耳翼、双线耳翼、多线耳翼等，图2-15(a)(b)为单线耳翼，(c)为双线耳翼。

2. 复翼。复翼是耳翼的叠加变化，即耳翼内套着耳翼或套着其他结，图2-16是三个耳翼套在一起的例子。

3. 耳翼勾连。耳翼勾连是通过耳翼连接其他耳翼或结组的方法，有二方连续、四方连续等多种变化，见图2-17。

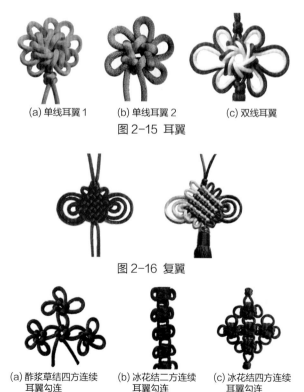

(a) 单线耳翼1　　(b) 单线耳翼2　　(c) 双线耳翼

图2-15 耳翼

图2-16 复翼

(a) 酢浆草结四方连续
耳翼勾连　　(b) 冰花结二方连续
耳翼勾连　　(c) 冰花结四方连续
耳翼勾连

图2-17 耳翼勾连

（五）单结变化

1. 点状单结变化，是指对点状单结按其编制方法进行重复、叠加或循环编制的一种变化。这种结饰由点变成了线，形成链状，见图2-18。

2. 面状单结变化，是指对面状单结通过并行、分离、穿套等手法做出区别于单结又不失单结特点的一种变化。以吉祥结系列为例，其面状单结变化见图2-19，(a)为八耳吉祥结，(b)~(d)为吉祥结的变化结，主要是耳翼的变化及向前多穿一套等而形成的变化。以盘长结系列为例，其面状单结变化见图2-20。

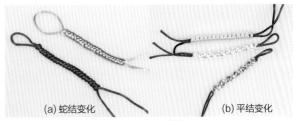

(a) 蛇结变化　　　　　　(b) 平结变化

图2-18 点状单结变化

(a) 八耳吉祥结　(b) 变化结1　(c) 变化结2　(d) 变化结3

图2-19 面状单结变化（吉祥结系列）

(a) 二回盘长结　(b) 三回盘长结　(c) 二回复翼盘长结　(d) 三回复翼盘长

图2-20 面状单结变化（盘长结系列）

（六）多结组合

多结组合是指两种及以上单结利用编线延长、耳翼延展及耳翼勾连的方法，灵活地将多种单结组合在一起，形成一组组变化万千的结饰，见图2-21。

(a) 吉祥结与团锦结的组合　　(b) 吉祥结与盘长结的组合

(c) 吉祥结与宝结的组合　　(d) 吉祥结与酢浆草结的组合

图2-21 多结组合

（七）套色

套色是指结的颜色有两种及以上，一种为主色，其他颜色为辅色，见图2-22。

(a) 套色三回盘长结　　(b) 套色滚边团锦结　　(c) 套色复翼七回盘长结

图2-22 套色

三、其他名词术语

（一）扣头

扣头是吊坠上面与挂绳连在一起的装饰部分，起着连接作用，也是设计的重点之一，可以为编结、穿珠、珠结结合、金属扣等样式，是项坠、项链整体装饰的组成部分，见图2-23。

图2-23 扣头

（二）调节扣

调节扣是指可以调整手链、项链长短与松紧的结、结组或物件，调节扣可以是平结结组、秘鲁结，还可以是线圈、平结线圈、雀头结线圈、桶形线圈、桃花结线圈、蝴蝶线圈等，既起调节作用又起装饰作用，见图2-24。

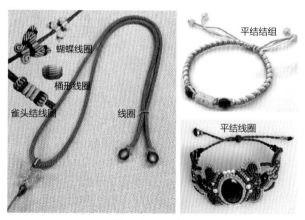

图2-24 调节扣

（三）尾链与尾珠

尾链由收尾的尾线与尾珠组成，手链的尾链主要兼有调整松紧、防脱散与装饰作用，见图2-25。

图2-25 尾链与尾珠

（四）尾结

尾结是指手链、项坠、挂饰等饰品尾部的装饰结，相当于尾珠的作用。尾结多种多样，主要与饰品主体搭配，起装饰作用，见图2-26。

图2-26 尾结

（五）拉丝

拉丝是指用打火机烧熔编线的某一端，使其不脱散，且有利于接下来的编制操作。有时为了穿过珠孔，将线头变细、变硬，也常用这种方法，见图2-27。

图2-27 拉丝

（六）烧熔（烧线头）

烧熔也称烧线头，是指在编制过程中或收尾时，需要剪掉某编线多余的长度，而形成留下的线头（其长度一般为3mm左右），为使其不脱散，要用打火机烧熔固定。因留下的线头短小，故在烧熔时注意尽量不要烧到编结部分而影响外观，见图2-28。

图2-28 烧熔（烧线头）

一、线材

中国结使用的线材种类较多，古时以丝、棉、麻为主，现在增加了化纤、混纺质地的绳线，如人造丝、尼龙、涤纶等。其织法有辫织、缆织、绞织、缠织之分。线的颜色很多，选用时须视匹配之饰物而定，应该灵活运用，融入情感，使之更具美感与灵性。

（一）斜纹线

斜纹线分为 2 号线（直径 4mm）、3 号线（直径 3.5mm）、4 号线（直径 3mm）、5 号线（直径 2.5mm）、6 号线（直径 2mm）、7 号线（直径 1.8mm），即线号越大，线就越细，一般用来做挂饰、手链等，见图 2-29。

图 2-29 斜纹线

（二）玉线

玉线是中国结线材的一种，其种类很多，用途广泛。密度高点的玉线分为 A 玉线（直径 1mm）、B 玉线（直径 1.5mm）、C 玉线（直径 2mm）。71 号线是玉线中最细的一种（直径 0.4mm），另外还有 71 号半线（71.5 号线，直径 0.6mm）、72 号线（直径 0.8mm），都常用来做手链、项链等，见图 2-30。

图 2-30 玉线

（三）股线

股线也称为塔线，分3股（直径0.2mm）、6股（直径0.4mm）、9股（直径0.6mm）、12股（直径0.8mm）、15股（直径1.0mm），即股数增加，线的直径也增加。常见股线均为大轴，近几年也有小轴3股线、6股线出售。股线的颜色有五十种左右，且有质量好、不褪色、韧度好等特点，可满足制作各种饰物，见图2-31。

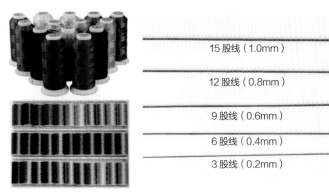

15股线（1.0mm）

12股线（0.8mm）

9股线（0.6mm）

6股线（0.4mm）

3股线（0.2mm）

图2-31 股线

（四）蜡线

蜡线先由纤维单丝精心织成半成品，再经过高温的环保上蜡设备而成。其特点是拉断强度大，耐磨性强，无弹性。现在流行南美蜡线，其不掉色、不变形、颜色持久，常用的直径有0.8mm、0.65mm、0.55mm、0.45mm，有圆蜡线与扁蜡线之分，见图2-32。

圆蜡线　　扁蜡线

图2-32 蜡线

（五）弹力线

弹力线是有弹性的、透明水晶状、不会发生塑形形变的线，用热塑基复合材料（TPC材料）制作而成，耐磨、弹性好。常用线的直径为0.5～1.5mm，一般串珠多采用0.8mm线，且双线使用为宜，见图2-33。

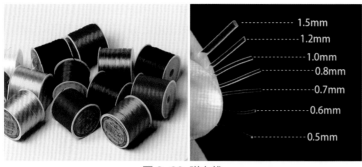

图 2-33 弹力线

（六）皮绳

皮绳指用动物皮革切割制成的绳带，主要用于项链、手链，这类线对于水晶串珠用得并不多，适合用于垂感很强的串珠饰品，其效果是其他线材无法达到的，见图 2-34。

图 2-34 皮绳

（七）铜丝线

铜丝线主要用来造型或固定，细的铜丝线还可以做串珠的引线，见图 2-35。

图 2-35 铜丝线

二、常用工具

（一）钳子（见图 2-36）

图 2-36(a) 为斜口钳，用来剪断一些较细的金属线等。

图 2-36(b) 为圆头钳，用来弯出漂亮的圆形，一般多用于 9 字针、T 字针弯圈等。

图 2-36(c) 为平口钳，可以用来夹扁定位珠，掰开、合并单圈等。

（二）剪刀

剪刀用来剪线和绳子等，U 形纱剪、弯头绣花用剪刀等都是比较好用的剪刀，见图 2-37。

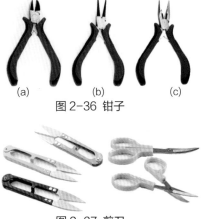

(a)　　　(b)　　　(c)

图 2-36 钳子

图 2-37 剪刀

（三）锥子

锥子用于打眼、钻孔、挑线头等，一般为不锈钢材质，长度 12cm左右，见图 2-38。

（四）镊子

镊子有弯头镊子、直头镊子，长度一般为 12~15cm，用来夹一些小配件，帮助编结穿、压、挑线之用，见图 2-39。

（五）绕线棒

辅助制作线圈的工具，有多种型号，其粗细不同，呈阶梯状分段。根据手链线圈的制作一般取五段绕线棒即可，使做出来的线圈保持均匀、圆润、饱满，见图 2-40。

图 2-38 锥子　　　图 2-39 镊子　　　图 2-40 绕线棒

（六）软尺

软尺用来丈量线的长度等，尺的长度一般为150cm，宽1.2cm，两面均有刻度，塑料材质，见图2-41。

（七）收纳盒

收纳盒可以收纳散珠、配件等，有大小不同的规格及样式供选用，避免东西太小、琐碎难以保管，见图2-42。

图2-41 软尺

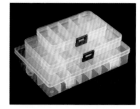

图2-42 收纳盒

（八）垫板与珠针

垫板是配合珠针使用的，当编制较为复杂的结或某种图案时用来帮助固定线路，材质为泡沫板，厚度2cm左右为宜，见图2-43。

（九）热熔枪与热熔胶

热熔枪是配合热熔胶使用的，适用于粘布料、耳针等；热熔胶可以用火直接加热使用，但这样会使胶液变黑影响制作效果，故配合热熔枪使用为宜，见图2-44。

图2-43 垫板与珠针

图2-44 热熔枪与热熔胶

（十）打火机

编结时为使穿绕方便，通常会用火将线头烧熔拉成细直状态，也有防止线头脱散等用，见图2-45。

（十一）胶水

胶水是为修复、黏接首饰、工艺品（如陶瓷、木材、玻璃、金属、纺织品、珠宝等材料）的专用胶水，AB胶水透明、环保、耐久、牢固，见图2-46。

图2-45 打火机

图2-46 胶水

第三节 中国结常用配件

一、珠子类

（一）玉石

玉石包括蓝田玉、软玉、硬玉、南阳玉、绿松石、孔雀石、寿山石、萤石等，见图 2-47。

图 2-47 部分玉石（绿松石、萤石、孔雀石、蓝田玉）

（二）有机石

有机石包括珍珠、珊瑚、琥珀、蜜蜡、象牙、砗磲、煤玉、贝壳等，见图 2-48。

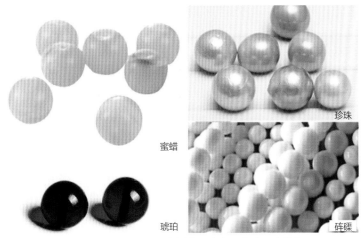

图 2-48 部分有机石（蜜蜡、珍珠、琥珀、砗磲）

（三）宝石

宝石包括钻石、红宝石、蓝宝石、青金石、锆石、祖母绿、欧泊、猫眼石、托帕石、碧玺、石榴石、水晶、月光石、拉长石等，见图2-49。

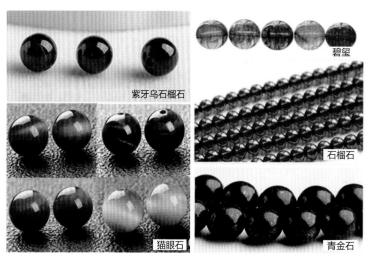

图2-49 部分宝石（石榴石、猫眼石、碧玺、紫牙乌石榴石、青金石）

（四）陶瓷珠

陶瓷珠是由黏土烧制加彩绘而成的，形状较为多变，颜色丰富，可塑性强，用途广泛，做工精细，被大家美喻为"奶油花"，见图2-50。

（五）景泰蓝珠

景泰蓝是用红铜做胎，在铜胎上用铜丝粘上各种图案，然后在铜丝粘成的各种形状的小格子内填上色彩，经过炼焊、打磨等工序，最后入窑烧制而成的色彩明快的手工艺珠子，非常具有古典气息，极具民族特色，见图2-51。

图2-50 陶瓷珠　　　　　　　　　图2-51 景泰蓝珠

（六）仿珍珠

有塑料仿珍珠、亚克力仿珍珠（便宜）、玻璃仿珍珠、水晶仿珍珠（较贵）。其颜色丰富，光泽好，近年生产的 AB 彩仿珍珠色泽更加丰富，见图 2-52。

（七）玻璃珠

玻璃珠是由高品质的碎玻璃压碎分选制成的，其透明光滑、色泽艳丽，有一般玻璃珠，也有水晶玻璃珠，见图 2-53。

图 2-52 仿珍珠

图 2-53 玻璃珠

（八）亚克力珠

亚克力是一种介于玻璃与塑料之间的材料，光泽与硬度都介于这两者之间。亚克力珠可分为透明类、实色类、果冻类，珠中珠为两层，一般内层为实色、外层透明，重量偏轻，份量感不足，见图2-54。

（九）金、银珠

金珠、银珠一般用作饰品的配珠，其形状各异，还可以用于生肖、坠子等吉祥之物，不仅喜庆，而且高贵，见图2-55。

图2-54 亚克力珠

图2-55 金、银珠

二、金属配件

（一）T字针

T字针一端为针状，另一端为平底，有多种规格，常用长度是2cm、2.6cm、3.5cm、4.4cm，直径一般是0.7mm。在其上面穿好珠子，将其挂在饰品的最下端，见图2-56。

（二）9字针

9字针一端为针状，另一端为环状，有各种规格，常用长度是2cm、2.6cm、3.5cm、4.4cm，直径一般是0.7mm。一般在其中间穿好珠子或者其他配件后，把另一头也弯成环形，上下可以再连接其他配件，见图2-57。

（三）单圈

单圈也称O形环、C形环，在两个配件之间起到连接作用，有多种型号，常用的直径为4mm、6mm、8mm，见图2-58。

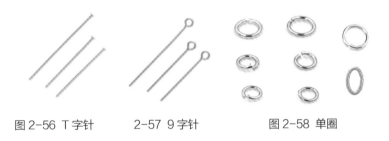

图2-56 T字针　　　2-57 9字针　　　图2-58 单圈

（四）链扣

链扣有多种形状，不仅能发挥开启、关闭的作用，同时还具有装饰作用，一般有金色、银色、K白金、亮钢（不锈钢）等颜色，由合金、包金、电镀金、黄金、玫瑰金、藏银、泰银等材料制成，多用于项链、手链的接口部位，分为普通链扣和花式链扣。常用的链扣有以下几种。

1. 龙虾扣：小到1.2cm×0.7cm，大到2.8cm×1.8cm，一般与单圈配套使用，见图2-59。

2. 弹簧扣：环内设有一个弹簧，通过伸缩起到开启、关闭的作用。另外还有装饰形弹簧扣，可提升手链等装饰物的档次，见图2-60。

图2-59 龙虾扣　　　　　图2-60 弹簧扣

3.搭扣：搭扣两面对称呈筒状或喇叭状（一般与手链两端黏合），中间由S扣相连，见图2-61。

4.M形扣：其链扣形状如M形，是一种经典的链扣，另外还有S形、U形、龙虾形等形状，大小一般在10mm×9.5mm左右，见图2-62。

5.OT扣：OT扣一边为环形，另一边为棍状，OT扣最适宜用于手链或腰链，不适合用于项链，见图2-63。

图2-61 搭扣　　图2-62 M形扣　　　　图2-63 OT扣

（五）金属链

金属链用于做项链、手链、流苏等，一般有孔链，可以直接配合单圈使用，也可以用9字针、T字针在链上面做造型，用来挂一些珠子、小配件等，见图2-64。

（六）调节链

调节链又称延长链，用在链子最末端，用来调节链子的长度，一般与金属链一起使用，见图2-65。

图2-64 金属链　　　　　　　图2-65 调节链

（七）金属小配件

金属小配件是用来搭配手链等饰物的，有各种大小与形状，其中三通可以起连接与装饰作用，见图2-66。

图2-66 金属小配件

三、装饰物件

（一）线圈

线圈一般是用股线绕制的线环扣，有多种颜色及大小，用作小饰品配件，多用于连接与装饰的部位，见图 2-67。

（二）菠萝结

菠萝结是由双钱结变化而来的，因其形似菠萝而得名。菠萝结常用在手链、项链和挂饰上做装饰用，见图 2-68。

（三）流苏

流苏是一种下垂的由五彩羽毛或丝线等制成的穗子，常系在服装或挂件的下摆处，随风飘摇荡漾，传递着古雅与婉约的韵味，见图 2-69。

图 2-67 线圈　　　　　　　　　图 2-68 菠萝结

图 2-69 流苏

第三章 基础结编制技法

　　中国结丝丝相连、环环相扣的造型，及其深刻的寓意、精美的风姿、别样的韵味、特有的魅力，联结出悠悠中国风。为此，本章精选了二十多个基础结（也是本书手链实例中应用的结饰），重点介绍其编制方法与步骤，为下一步学习与应用打下必备基础。

一、纽扣结

（一）纽扣结特征

纽扣结外形如钻石，又称钻石结。最初使用于中国古代的服饰中，是一种既实用又美观的结式，常用于编制手链的开头、收尾或者装饰结等，见图3-1。

图 3-1 纽扣结　　　　纽扣结

（二）纽扣结编制技法（见图3-2）

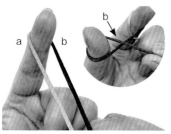

1. 取 80cm 长 5 号线，将线的中点绕过食指，用中指固定左侧 a 线，右侧 b 线顺时针绕拇指一周。

2. 取下拇指上形成的线环，将其翻转后压到食指的 a 线上，并用拇指固定。

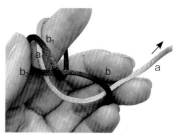

3. a 线从 b 线的下面穿过，即 a 线挑起 b 线。设环两边为 b₁ 线与 b₂ 线，环压住的线段为 a₁ 线。

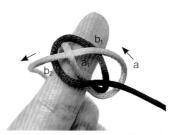

4. a 线逆时针向上压 b₁ 线挑 a₁ 线压 b₂ 线，形成八字形状。

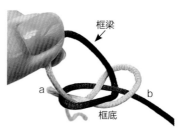

5. 取下食指背面的线翻到上面，形象地称其为框梁，八字形状的如同框底。

6. a 线顺时针绕过框梁 2，穿入框底中间菱形孔中。b 线顺时针绕过框梁 1，穿入菱形孔中。

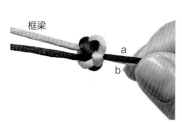

7. 将框梁与 a 线、b 线上下拉紧，形成略松的纽扣结。

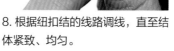

8. 根据纽扣结的线路调线，直至结体紧致、均匀。

9. 纽扣结完成。

图 3-2 纽扣结编制技法

二、双联结

（一）双联结特征

双联结是以两个单环相套而成的，故名为双联结。双联结分为竖向与横向，一般将竖向双联结简称双联结，其特点是两根线从同一个孔里穿出，常用于手链等饰品开头、收尾处，起固定与装饰作用，见图3-3(a)。横向双联结因其左右走线特征，则常作为装饰结，常用于手链的中心部位，起装饰作用，见图3-3(b)。

(a) 竖向双联结　　(b) 横向双联结

图3-3 双联结

（二）双联结编制技法（见图3-4）

双联结

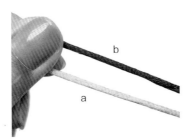

1. 对折60cm长5号线，左手拇指与食指捏住编双联结的位置，a线在下方，b线在上方。

2. 将a线向上做环1，用食指和中指固定。

3. b线向上做环2，用中指和无名指固定。

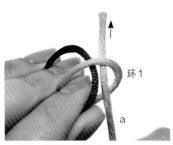

4. 将a线从正面穿入环1。

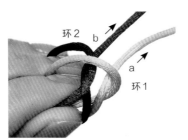

5. b线从正面同时穿入环1与环2，然后拉紧a线和b线。

6. 双联结完成。

图3-4 双联结编制技法

（三）横向双联结编制技法（见图3-5）

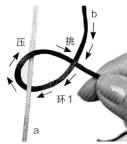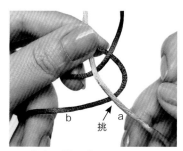

横向双联结

1. 对折60cm长5号线（双色线各30cm），右侧b线向下挑左侧a线，向上顺时针压一挑一，形成环1。

2.b线向下挑a线。

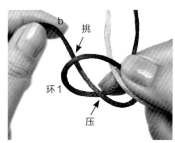

3.b线压、挑环1两边，且穿出环1。

4. 将a线向上逆时针挑环1，再向下压，且形成环2。

5.a线挑环2且穿出环2，然后拉紧左右两侧线。

6. 横向双联结完成。

图3-5 横向双联结编制技法

三、秘鲁结

（一）秘鲁结特征

秘鲁结也称伸缩结，可将其中的线来回移动，常用于手链或项链的尾部长度调节，见图 3-6。

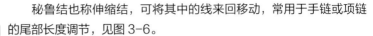

图 3-6 秘鲁结

（二）秘鲁结编制技法（见图 3-7）

1. 将吸管剪出需要的长度，用于辅助绕线。取 60cm 长 5 号线贴合于吸管。

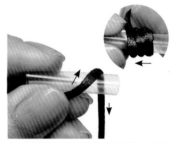

2. 将线从上至下绕于吸管，且从右向左绕线，圈数不限，一般绕线 2 ～ 5 圈。

3. 将绕线穿入吸管内。

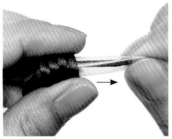

4. 向右抽出吸管及绕线。

5. 拉紧两端线，并调整收缩结体，使其松紧适中，排列整齐。

6. 秘鲁结完成。

图 3-7 秘鲁结编制技法

四、琵琶结

（一）琵琶结特征

琵琶结因其形状似乐器琵琶而得名。因琵琶结的编法是一根线一顺到底，故其寓意风调雨顺。琵琶结有较强的观赏性，在服装上常用于盘扣，在手链中常用于装饰或作为链扣，见图3-8。

图3-8 琵琶结

（二）琵琶结编制技法（见图3-9）

1. 取60cm长5号线，将线在10cm处弯折，并预留出环1。将右线（短线）夹至背面，左线（长线）逆时针在环1下方绕大一点的环2。

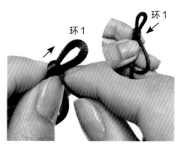

2. 用拇指固定绕线处，将左线顺时针绕环1一周，并固定环1。

3. 左线紧贴环2内圈逆时针绕线一周，再紧贴环1下方的绕线，顺时针绕线一周。

4. 重复步骤3，直至环2内圈小到无法绕线为止。

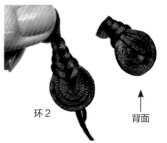

5. 将左线从正面穿入环2最小内圈，剪去背面的两根余线，烧熔固定于环2绕线处。

6. 琵琶结完成。

图3-9 琵琶结编制技法

图 3-10 凤尾结

五、凤尾结

（一）凤尾结特征

凤尾结因其形似凤凰的尾巴而得名，又名八字结。凤尾结常用于手链结尾处，起装饰作用，见图 3-10。

（二）凤尾结编制技法（见图 3-11）

1. 取 60cm 长 5 号线，将右线从上向下绕左线，穿出其形成的环，并调至所需大小。环两边线设为 a 轴和 b 轴。

2. 编线从上向下绕 b 轴一周穿出，并收紧。

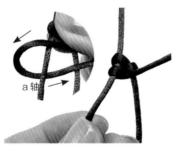

3. 编线从上向下绕 a 轴一周穿出，并收紧。

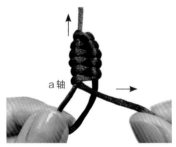

4. 重复步骤 2、3，松紧适宜。编到所需长度后，向上拉紧 a 轴。

5. 调整结体外形与松紧，收紧上下线。剪去下方余线，烧熔固定。

6. 凤尾结完成。

图 3-11 凤尾结编制技法

六、双钱结

（一）双钱结特征

双钱结又称金钱结，因其形似两枚串连的铜钱而得名，象征着好事成双。双钱结在手链中常作为绕线装饰结，有较强的观赏性和美好的寓意，见图3-12。

图3-12 双钱结

（二）双钱结编制技法（见图3-13）

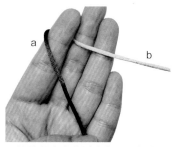

1. 将线的中点绕过食指，用拇指固定a线，右线为b线。

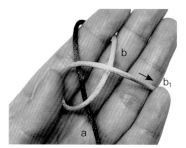

2. 将b线向上顺时针做个环，压于a线上，形成b_1线，用拇指固定。

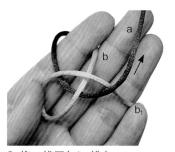

3. 将a线压在b_1线上。

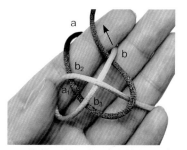

4. a线挑b线。把环两边线设为b_2线与b_3线，环压住的线段设为a_1。

5. a线继续逆时针方向压b_2挑a_1压b_3。然后调整结体松紧。

6. 双钱结完成。

图3-13 双钱结编制技法

七、桃花结

（一）桃花结特征

桃花结因其外形似盛开的桃花而得名。桃花结的寓意是招桃花运，尤为适用于追求爱情的男女。桃花结在手链中常用于装饰结，可单结制作，也可组合成线形，见图 3-14。

图 3-14 桃花结

（二）桃花结编制技法（见图 3-15）

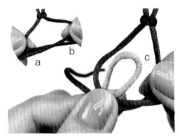

1. 将 a 线与 b 线相向叠合，再取一根 c 线对折，并放在叠合处下面。

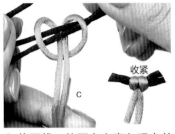

2. 将双线 c 从下向上穿入环中并收紧。

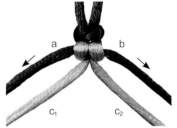

3. 收紧 a 线与 b 线，形成上花瓣。将 c 双线分为 c_1 线与 c_2 线。

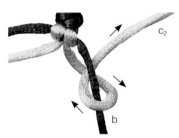

4. 右侧以 b 线为轴线，c_2 线为编线。将 c_2 线从上向下绕过 b 线，收紧。

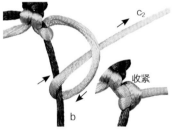

5. 继续将 c_2 线从下向上绕过 b 线，收紧，形成右花瓣。

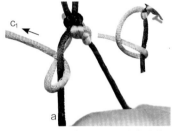

6. 左侧以 a 线为轴线，c_1 线为编线。将 c_1 线从上向下绕过 a 线，收紧，再从下向上绕过 a 线，收紧，形成左花瓣。

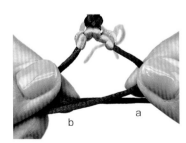

7. 将 a 线与 b 线相向叠合。

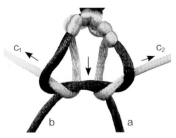

8. 将 c_1 线、c_2 线挑起 a 线与 b 线叠合处，再从上面穿入左右环，收紧各线。

图 3-15 桃花结编制技法

9. 桃花结完成。

八、如意结

（一）如意结特征

如意结因其形似如意摆件而得名，寓意为吉祥如意、如意呈祥。如意结在手链中常作为装饰结，有较强的观赏性，深受消费者的喜欢，见图 3-16。

图 3-16 如意结

（二）如意结编制技法（见图 3-17）

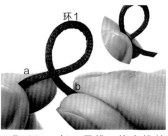

1. 取 60cm 长 5 号线，将右线从上向下逆时针做环 1，用左手拇指固定交叉处。

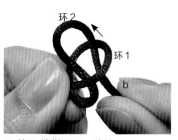

2. 将 b 线做环 2，穿出环 1。

3. 将左线向左拉紧，收紧环 1，形成环 2。

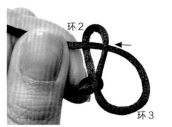

4. 将 b 线向左穿入环 2，用拇指固定，形成环 3。

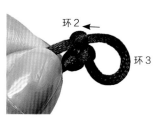

5. 收紧环 2，缩小环 3。

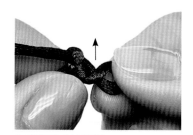

6. 将环 3 上下翻转。

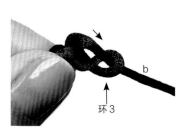

7. 将 b 线从上面穿入翻转后的环 3，并收紧。

8. 如意结完成。

图 3-17 如意结编制技法

九、桂花结

（一）桂花结特征

桂花结因外形似盛开的桂花而得名。桂花结花芯为玉米结，四周为花瓣状，在手链中常作为装饰结，见图3-18。

图3-18 桂花结

（二）桂花结编制技法（见图3-19）

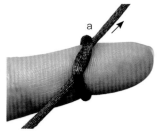

1. 取两根60cm长5号线，将a线绕于食指，打一个活结。

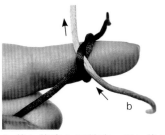

2. 将b线穿入活结内，即b线压一挑一。

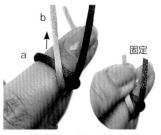

3. 翻转食指，将b线压a线，然后用中指固定压线。

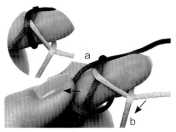

4.b线顺时针绕至正面，压于其前段。然后用拇指向左分开a线活结。

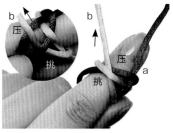

5.b线向左在两段a线上挑一压一，然后翻转食指，挑起b线，同时压于a线。

6. 将线移出食指，并收紧a线和b线。

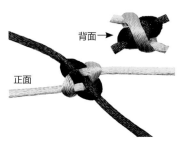

7. 翻至背面，继续收紧。背面为x形。

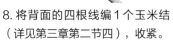

8. 将背面的四根线编1个玉米结（详见第三章第二节四），收紧。

9. 翻至正面，桂花结完成。

图3-19 桂花结编制技法

十、同心结

（一）同心结特征

同心结由两个活结相套而成，故称为同心结。同心结在手链中常作为装饰结，因其寓意美好，常被制作成情侣手链等，见图3-20。

图 3-20 同心结

（二）同心结编制技法（见图 3-21）

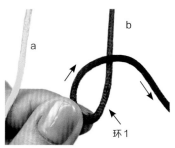

1. 取两根 60cm 长 5 号线，设左线为 a 线，右线为 b 线。将 b 线从下向上顺时针做环 1。

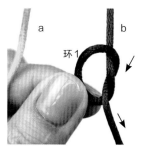

2. 继续将 b 线从背面穿出环 1，即 b 线打一活结。

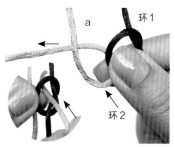

3. 将 a 线从正面穿入环 1，并逆时针做环 2。

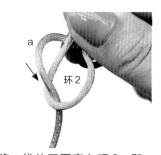

4. 将 a 线从正面穿入环 2，即 a 线打一活结。

5. 将 a 线和 b 线上下收紧。结体平整，松紧适中。

6. 同心结完成。正反相同。

图 3-21 同心结编制技法

十一、吉祥结

（一）吉祥结特征

吉祥结是古老的传统结式，有七个耳翼，故又称"七圈结"。吉祥结寓意吉祥如意、祥泰安康，常被制作成用于祈福的挂饰。在手链中常被制作成绕线装饰结，美观且精致，见图3-22。

图 3-22 吉祥结

（二）吉祥结编制技法（见图3-23）

  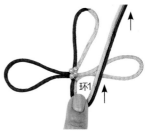

1. 对折60cm长5号线，形成线环为上耳翼。用珠针将其固定于垫板。

2. 左右各拉成一个耳翼，大小相同。

3. 将线头端逆时针压于右耳翼，形成环1。

4. 将右耳翼压于上耳翼，上耳翼压于左耳翼，左耳翼穿入环1。

5. 收紧四个方向的线，并调整结体。

6. 重复步骤3、4，如图逆时针压线。

7. 继续收紧结体。

8. 拉出四个侧边的耳翼，并调整至大小相同。吉祥结完成。

9. 吉祥结为七个耳翼，左右两个耳翼相同，四个侧边小耳翼相同。

图 3-23 吉祥结编制技法

第二节 基础线形结编制技法

一、平结及组合

（一）平结特征

平结是最古老、通俗和实用的结式之一，被广泛应用在手链等饰品中。平结分为单向平结和双向平结，单向平结组合呈螺旋状，立体、动感，双向平结组合呈梯子状，整齐稳定，见图 3-24。

图 3-24 平结及组合

（二）单向平结及组合编制技法（见图 3-25）

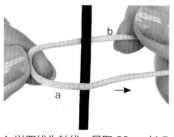

1. 以双线为轴线，另取 60cm 长 5 号线为编线，将中点置于轴线底部，设左线为 a 线，右线为 b 线。a 线压轴线，形成左侧线环。

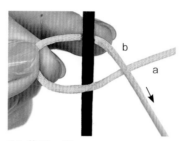

2. b 线压 a 线。

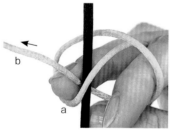

3. b 线从轴线的下面穿出左侧线环。

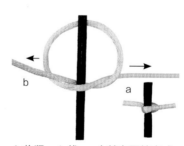

4. 收紧 a、b 线，一个单向平结完成。

5. 重复步骤 1～4，即编线均从左侧开始压线，形成单向线状平结组合。

6. 单向平结组合呈螺旋状。

图 3-25 单向平结及组合编制技法

（三）双向平结及组合编制技法（见图3-26）

双向平结

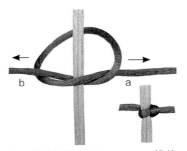

1. 同单向平结步骤1～4，a线从左侧开始压线，编一单向平结。

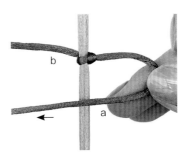

2. a线压轴线，形成右侧线环。

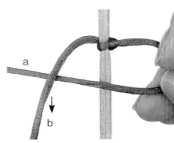

3. b线压a线。

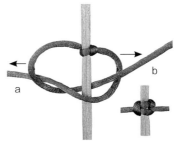

4. b线从轴线下面穿出右侧线环，收紧a、b线，一个双向平结完成。

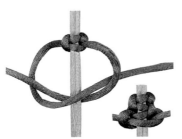

5. 重复步骤1～4，以左右线交替压轴线的方法重复编结，成双向平结组合。

6. 双向平结组合。

图3-26 双向平结及组合编制技法

二、蛇结及组合

（一）蛇结特征

蛇结因形似蛇骨而得名，结体可以拉伸和左右摆动。蛇结组合成线形常用于编制主体手链，单结作为固定结，见图3-27。

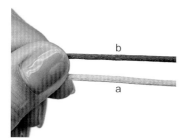

图 3-27 蛇结及组合

蛇结

（二）蛇结及组合编制技法（见图3-28）

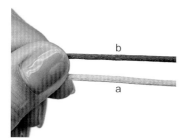

1. 对折80cm长5号线，左手拇指与食指捏住编蛇结的位置，设a线在下，b线在上。

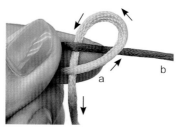

2. 将a线向上做一线环，包住b线，并用拇指与食指固定。

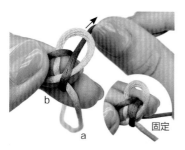

3. b线顺时针绕食指一周，从前面穿入环中，用中指固定。

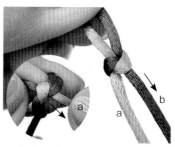

4. 收紧a线，接着捏住a线与b线交叠处并取下。再收紧b线，一个蛇结单结完成。

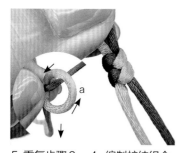

5. 重复步骤2～4，编制蛇结组合。

6. 蛇结组合完成。

图 3-28 蛇结及组合编制技法

三、金刚结及组合

（一）金刚结特征

金刚结源于佛教，有平安吉祥、心想事成的寓意。金刚结与蛇结外形类似，而金刚结结体硬挺、牢固、稳定。金刚结组合同样常用于编制主体手链，见图3-29。

图3-29 金刚结及组合

金刚结

（二）金刚结及组合编制技法（见图3-30）

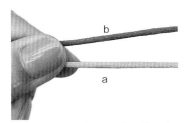

1.对折80cm长5号线，左手拇指与食指捏住编金刚结的位置，设a线在下，b线在上。

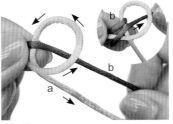

2.a线向上做个线环，包住b线，并用拇指与食指固定。b线顺时针绕食指一周，从前面穿入环中。

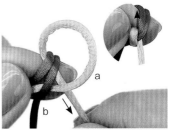

3.将b线用中指固定，接着收紧a线。

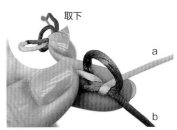

4.捏住a线与b线交叠处并取下，将其翻转使线环朝上。

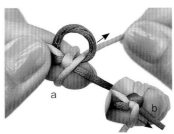

5.a线顺时针绕食指一周，从前面穿入环中，用中指固定a线，再拉紧b线。

6.取下食指背面的线环，完成一个金刚结。接着将其翻转使线环朝上。

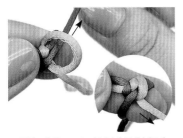

7.重复步骤5、6，编制金刚结组合。

8.最后一个金刚结编完后，收紧线环。

9.金刚结组合。

图3-30 金刚结及组合编制技法

四、玉米结及组合

（一）玉米结特征

玉米结因其形似玉米而得名，其寓意为五谷丰登、金玉满堂。其结体硬挺、均匀，有圆形和方形之分。圆形玉米结纹路呈螺旋状，而方形玉米结有四个面，每面分为两列，纹路呈方正状，见图3-31。

图 3-31 玉米结及组合

（二）圆形玉米结及组合编制技法（见图3-32）

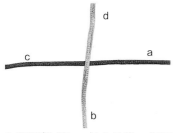

1. 取两根 60cm 长 5 号线，将两根线的中点交叉成十字。设其为 a、b、c、d 线。

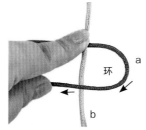

2. 按住两线交叉处，将 a 线压 b 线，形成线环。

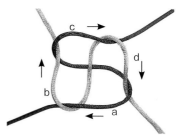

3. 继续将 b 线压 c 线，c 线压 d 线，d 线穿入线环中。即顺时针依次压各线。

4. 拉紧四根线，形成"田"字形，一个玉米结完成。

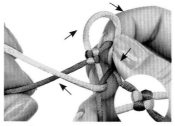

5. 重复步骤 2 ~ 4，将顺时针依次压各线，形成圆形玉米结组合。

6. 圆形玉米结组合。

图 3-32 圆形玉米结及组合编制技法

（三）方形玉米结及组合编制技法（见图3-33）

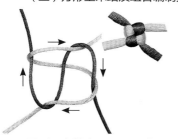

1. 同圆形玉米结步骤 1 ~ 4，将顺时针依次压各线，形成一个玉米结。

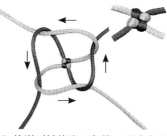

2. 将逆时针依次压各线，形成方形玉米结组合。

3. 重复步骤 1、2，以顺时针、逆时针交替编制，形成方形玉米结组合。

图 3-33 方形玉米结及组合编制技法

图 3-34 雀头结及组合

五、雀头结及组合

（一）雀头结特征

雀头结又称云雀结，因其形似云雀栖息在枝头的样子而得名。雀头结常用于编制手链的装饰线条、扣眼环或作为饰物的外圈，见图 3-34。

（二）雀头结及组合编制技法（见图 3-35）

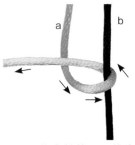

1. 以 b 线为轴线，a 线为编线，将 a 线从上向下绕过 b 线，并从形成的环中穿出，收紧。

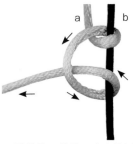

2. 接着将 a 线从下向上绕过 b 线，并从形成的环中穿出，收紧。

3. 一个雀头结完成。

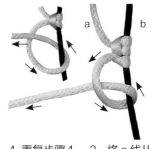

4. 重复步骤 1～3，将 a 线从上向下再从下向上绕于 b 线，制作雀头结组合。

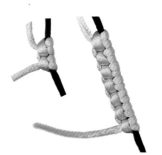

5. 雀头结组合一侧为花瓣状，以右线为轴的花瓣偏向左侧。

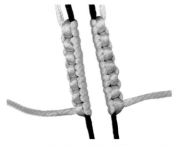

6. 以左线为轴的雀头结组合，其结形方向相反。

图 3-35 雀头结及组合编制技法

六、斜卷结及组合

（一）斜卷结特征

斜卷结因其结形倾斜而得名。斜卷结分为左、右斜卷结（简称左斜与右斜），还可用多根线组合编制，易于变化，编法繁多，常用于编制手链的腕带或精巧的装饰结等，见图3-36。

图3-36 斜卷结及组合

（二）左右斜卷结及组合编制技法（见图3-37）

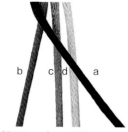

1. 取4根50cm长5号线，设a线为轴线，b、c、d线为编线。

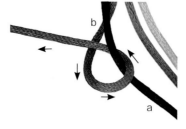

2. 左斜卷结：将b线从上向下绕过a线，并从形成的环中穿出，收紧，编线在左侧。

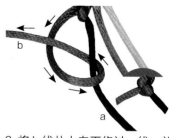

3. 将b线从上向下绕过a线，并从形成的环中穿出，收紧。一个左斜卷结完成。

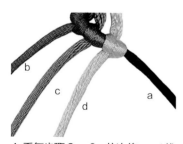

4. 重复步骤2～3，依次将c、d线在a线上编左斜卷结。一条左斜卷结组合完成。

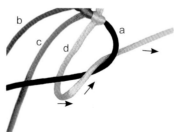

5. 右斜卷结：以a线为轴线，d、c、b线为编线，将d线在a线上编一次右斜卷结，编线在右侧。

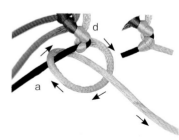

6. 再将d线在a线上编一次右斜卷结，一个完整的右斜卷结完成。

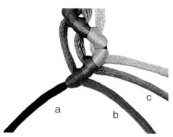

7. 依次将c、b线在a线上编一个右斜卷结，一条右斜卷结组合完成。

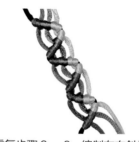

8. 重复步骤2～8，编制左右斜卷结组合。

图3-37 左右斜卷结及组合编制技法

图 3-38 四股辫

七、四股辫

（一）四股辫特征

四股辫又称立体四股辫，由四根线交叠、缠绕而成，形如锁链。四股辫常用于手链的链绳部分等，见图 3-38。

（二）四股辫编制技法（见图 3-39）

1. 对折 60cm 长 5 号线，预留扣眼环，编一蛇结。设左线为 a 线，右线为 b 线。

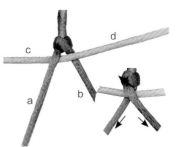

2. 另取 60cm 长 5 号线，中点夹在 a 线与 b 线间。设左线为 c 线，右线为 d 线。接着 a 线与 b 线交叉，同时固定 c 线与 d 线。

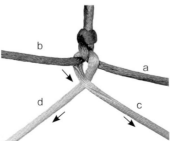

3. d 线压 a 线。c 线挑 b 线，并压 d 线，收紧 d 线和 c 线，即 c 线与 d 线交叉，固定 a 线与 b 线。

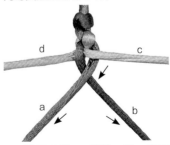

4. b 线压 d 线。a 线挑 c 线，并压 b 线，收紧 a 线和 b 线。

5. 重复步骤 3～4，将每组线相交的同时，固定另一组线。

6. 收尾可编一蛇结，四股辫完成。

图 3-39 四股辫编制技法

八、八股辫

（一）八股辫特征

八股辫由八根线交叠、缠绕而成，分为圆形和方形两种，在此介绍方形八股辫。八股辫常用于手链的链绳部分等，见图3-40。

图3-40 方形八股辫

（二）方形八股辫编制技法（见图3-41）

1. 取8根60cm长5号线，将线分为左右各4根。

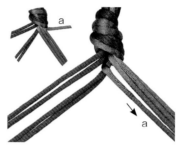

2. 设右侧第1线为a线，将a线从背面绕至左侧，并压3、4两线后，回到右侧第4线处。

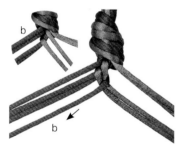

3. 设左侧第1线为b线，将b线从背面绕至右侧，并压3、4两线后，回到左侧第4线处。

4. 重复步骤2、3，以左右第1线依次压对方3、4线，再回自方第4线位置。

5. 将侧边的两根线编一金刚结或蛇结收尾。

6. 方形八股辫完成。

图3-41 方形八股辫编制技法

图 3-42 十六股辫

九、十六股辫

（一）十六股辫特征

十六股辫由十六根线交叠、缠绕而成，编法与八股辫类似。十六股辫常用于编制九乘迦叶金刚手链，整体美观、精致，见图 3-42。

（二）十六股辫编制技法（见图 3-43）

1. 取 16 根 60cm 长 5 号线，将线分为左右各 8 根。

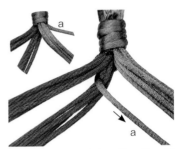

2. 设右侧第 1 线为 a 线，将 a 线从背面绕至左侧线，压 5 ～ 8 线，并回到右侧第 8 线处。

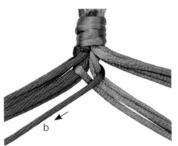

3. 设左侧第 1 线为 b 线，将 b 线从背面绕至右侧线，压 5 ～ 8 线，并回到左侧第 8 线处。

4. 重复步骤 2 和 3，以左右 1 线依次压对方 5 ～ 8 线，再回自方第 8 线位置。

5. 将侧边的两根线编一金刚结收尾。

6. 十六股辫完成。

图 3-43 十六股辫编制技法

第三节 装饰物件编制技法

一、绕线与线圈

（一）绕线与线圈特征

绕线是手链中较常见的技法，可作为主体链绳，也可编制各种绕线装饰结。绕线分为短绕线与长绕线。线圈为绕线形成的装饰物件，实用且精美，见图 3-44。

短绕线
长绕线
线圈

图 3-44 绕线与线圈

（二）绕线编制技法一（见图 3-45）

1. 对折 40cm 长 5 号线，设为轴线。用拇指和食指捏住待绕线处。

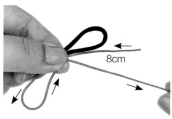

2. 取 50cm 长 72 号玉线，设为绕线。将其弯折且贴合于轴线，一端预留 8cm 便于后面抽拉绕线。

绕线编制技法一

绕线编制技法二

线圈

3. 从右向左绕线，注意不要叠线，绕一段后推紧。

4. 绕至需要的长度后，将线穿入末端环内。

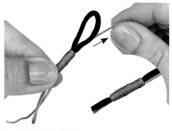

5. 收紧预留的线，将末端结点完全拉至绕线内。剪去多余的绕线，烧熔固定。

6. 该绕线技法适用于长度偏短的绕线。

图 3-45 绕线编制技法一

62

（三）绕线编制技法二（见图 3-46）

 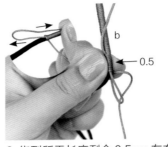 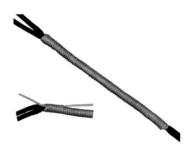

1. 设 5 号线为轴线，72 号为绕线，且单线贴合于轴线上，其长度为所需绕线长度 +8cm，从长的一端开始绕线。

2. 绕到所需长度剩余 0.5cm 左右时，将末端绕线弯折，继续完成绕线。然后将线穿入末端环内，并收紧绕线。

3. 剪去多余的线，烧熔固定。该绕线技法适用于长度偏长的绕线。

图 3-46 绕线编制技法二

（四）线圈编制技法（见图 3-47）

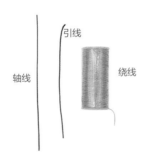  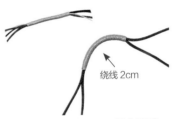

1. 取 25cm 长 72 号玉线为轴线，10cm 长 71 号玉线为引线，3 股股线为绕线。

2. 将轴线相向叠合，并将引线置于轴线叠合处。

3. 用股线绕线约 2cm，并收紧线。抽出引线，然后剪去多余绕线。

4. 将轴线收紧至指环大小，接着套进绕线棒继续收紧。

5. 剪去多余的轴线，然后用指甲或珠针挑动绕线至闭合。再用打火机蓝色火焰烘烤闭合处。

6. 多色线圈搭配更加美观，也可制作线圈坠。

图 3-47 线圈编制技法

二、菠萝结

（一）菠萝结特征

菠萝结因形似菠萝而得名，其结由双钱结变化而来，常用于修饰手链的接线或瑕疵部位，有较强的装饰作用，见图3-48。

图3-48 菠萝结

（二）菠萝结编制技法（见图3-49）

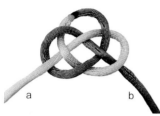

1. 取一根60cm长5号线，折出a线长15cm，b线长45cm，编一双钱结。将双钱结调至如图大小。

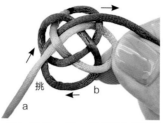

2. 用b线挑a线，接着顺时针沿着双钱结的路径穿线，且挑压穿法保持一致。

3. 双线双钱结完成。注意中间的孔后面将会用到。

4. 将绕线棒穿入结的中心孔。先将a线穿回该孔内，并拉向右侧。

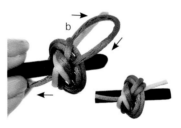

5. 将b线沿着单线的路径穿入孔内，并拉向左侧。形成菠萝结。

6. 沿着菠萝结的路径调线，将其收紧。再取下菠萝结，剪去余线，烧熔固定。

7. 取35cm长71号玉线，用3股股线绕线16cm，可做绕线菠萝结。

图3-49 菠萝结编制技法

三、平结线圈

（一）平结线圈特征

平结线圈多为双向平结编制的圈类装饰物件，常用于修饰手链的接线或瑕疵部位，而双色平结线圈色彩更加丰富，装饰性更强，见图3-50。

图3-50 平结线圈

（二）平结线圈编制技法（见图3-51）

1.取30cm长5号线为轴线，另取30cm长为编线。将轴线相向叠合后，编双向平结。

2.编8～10个双向平结，剪去余线，烧熔固定。然后收紧轴线，并剪线烧熔。

3.平结线圈作为装饰物件，遮盖面大。

图3-51 平结线圈编制技法

（三）双色平结线圈编制技法（见图3-52）

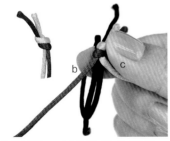  

1.取30cm长5号线为轴线，20cm长编线b和c。在一端打一活结固定，再将轴线相向叠合，用b、c线编双向平结。

2.编8～10个双向平结，然后剪去首尾编线，烧熔固定。

3.收紧轴线，并剪掉多余轴线、烧熔。双色平结线圈可根据喜好选用正反面。

图3-52 双色平结线圈编制技法

第四章 手链设计与技法

本章从设计与技法两方面对手链单品进行了简述，对款式设计、色彩搭配及手链制作技法等问题进行了说明，旨在帮助学习者了解手链的构成，注重风格搭配，重视细节设计，提高应用品位。

一、手链款式设计

设计是一种创造，是在前人基础上的改良与创新。但设计不仅仅是改良，更要追求原创，追求美，也就是使手链的款式变得越来越丰富。手链款式设计除了遵循设计原理外，主要通过对线材、配件、色彩、风格等的选配设计完成，设计手法通常采取均衡、对称、呼应、强调、比例等，同时要考虑人体工学及实用性。

手链的设计要考虑以下内容：

1. 设计对象；

2. 佩戴季节与环境；

3. 佩戴目的、用途与场合；

4. 风格特点，确定创意主题；

5. 合适的材料与制作技法；

6. 反复实践，即"试错"，最后才能设计制作出理想的手链作品。

二、手链色彩搭配

颜色是构建我们多姿多彩生活世界的基本元素之一，是人类的第一视觉语言，想要拥有得体的搭配效果，色彩设计尤为重要。手链色彩设计需综合考虑流行趋势、材料属性、色彩寓意、配色法则等要素，还要考虑与服装、肤色、妆容、其他配饰等方面的整体和谐。

（一）蓝色调搭配

蓝色调配色给人以宁静、清凉、冷静的视觉心理感受，可参考图 4-1 中的配色方式。

图 4-2 所示手链名为《盛夏》，主要采用冷静的蓝色调，给人以清凉之感，设计小巧轻便，非常适合夏天佩戴。视觉中心采用红色的圆珠装饰，通过色彩的对比来提升整体视觉效果。在圆珠两侧配以金色的包金珠，镶嵌于蓝色的绳结之中，有提亮与点缀的作用。

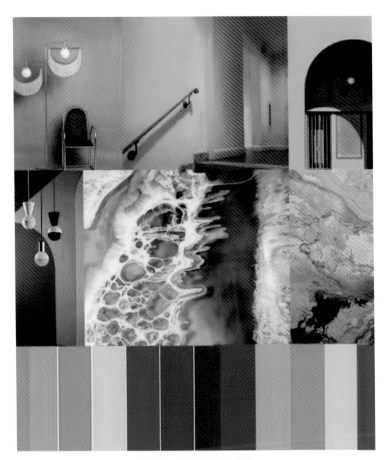

图 4-1 蓝色调搭配方案

图 4-2 蓝色调手链的色彩搭配

（二）红色调搭配

红色调配色给人以温暖、热情洋溢的视觉心理感受，可以参考图4-3中的配色方式。

图4-4所示手链采用传统的红绳和同色调的红玛瑙，从主体到配件都是红色，一般会在本命年、传统节日佩戴，以保佑平安，获得吉祥与福慧，表达了平安顺遂之愿。玛瑙珠采用中间大两边小的渐变形式排列，绳结细致、匀称，整体设计十分精美。

图4-3 红色调搭配方案

图4-4 红色调手链的色彩搭配

（三）灰色调搭配

灰色调搭配可以给人朴素、稳重、雅致、沉稳、祥和的视觉心理感受，灰色调也是一种极为随和的色系，见图 4-5。

图 4-6 所示手链出自日本绳编设计大师 Astara，色彩上主要采用浅卡其色，运用细线编织出精美的造型，周围镶嵌彩色的玛瑙作为点缀，晶莹剔透还泛有淡雅的灰紫、灰绿色调，整体的色彩搭配效果显得格外清新、雅致。

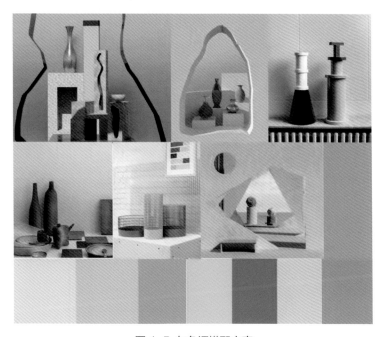

图 4-5 灰色调搭配方案

图 4-6 灰色调手链的色彩搭配

（四）紫色调搭配

紫色调搭配给人以神秘、严肃、古典、高贵、热情、哀愁的视觉心理感受。紫色个性很强，混合了红色的激情和蓝色的冷静、沉着。不论东方还是西方，都将其视为高贵的色彩。不同的紫色调搭配所代表的感情也各不相同，见图 4-7。

图 4-8 所示手链名为《藤蔓》，色彩上主要采用紫色调，并配以蓝色绳结及蓝色的玛瑙珠作为视觉中心的点睛之笔，造型非常精美。其配色也非常讲究，蓝色和紫色搭配让这款手链给人一种浅浅的忧伤和淡淡的回忆，显得非常有内涵，尽显色彩搭配的神奇之处。

图 4-7 紫色调搭配方案

图 4-8 紫色调手链的色彩搭配

（五）绿色调搭配

绿色调搭配介于冷暖色之间，给人以清新、舒适、宁静、生机、青春、朝气蓬勃的视觉心理感受。绿色象征着极强的生命力，绿色也被视为一种和谐的颜色，见图4-9。

图4-10所示手链名为《青萝》。青萝是一种轻枝藤蔓，依悬崖而生，抑或攀援青松白墙而上。在深林中生长的青萝，或清翠可爱，或苍郁沉着，在幽静深邃的环境中，始终保持着一种生机盎然的姿态，展现出顽强的生命力。芘蔓轻翠，柔美清雅，轻盈灵动的藤蔓线条，柔软而带着坚韧的力量，传递出东方自然美学态度。

图4-9 绿色调搭配方案

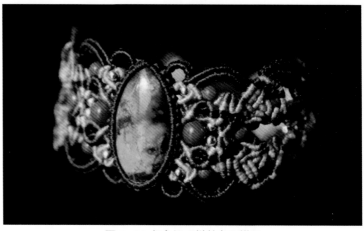

图4-10 绿色调手链的色彩搭配

三、手链的风格搭配

手链作为服饰品设计的一个重要组成部分，如今已经成为很多人必不可少的单品了。为了更好地与服装及其他饰品进行搭配，在长期的首饰设计中，也慢慢形成了不同的设计风格。

（一）民族风格

在民族风格首饰中，少数民族的手链设计色彩艳丽、材料丰富、寓意吉祥，深受人们的喜爱。其不仅具有装饰功能，在一些社会族群中还代表着社会地位。

图4-11所示手链造型夸张、材质丰富、色彩对比强烈，凸显出浓郁的民族风，主要运用传统的绳结编制方法将五彩斑斓的玉石、贝壳等装饰在一起。手链以红色珠子作为底色，在正中间镶嵌绿松石扣件，两侧以白色的贝壳呼应衬托，形成强烈的色彩对比，效果十分醒目。

图4-12所示手链精致优雅、设计独特，以绿松石为主要材质，搭配南红珠子形成撞色设计，在手腕处配以可爱的小铃铛，具有民族气息的编织，戴在手上显得高贵典雅。

图4-13所示的民族风格手链，色彩十分丰富，主要运用了同类色和撞色的搭配方法。由大小不同的菱形格纹组合而成。虽然整体上该手链属于较宽大的矩形，但通过色彩的巧妙设计，依然给人轻盈、活泼、靓丽的感觉。

图4-11 民族风格手链设计1　　　图4-12 民族风格手链设计2

图4-13 民族风格手链设计3

（二）禅意风格

近几年，随着禅意服饰风格的流行，在手链的设计上也形成了独有的造型和式样。传统的多圈式手链造型依然是经典。图 4-14 是传统的星月菩提手链，色彩搭配素雅、稳重、大方，用红色和黑色的珠饰作为点缀，衬托出菩提的质朴与典雅。图 4-15 是复古时尚手链，色彩搭配非常古朴雅致，但又不失时尚，色彩与材质都比较丰富。红色与墨绿色的互补色搭配在配饰中也是非常多见的。

图 4-16 是单圈禅意风格手链，显得非常简洁大方。醇厚的暗红色与水润柔和的浅绿色搭配，呈现出一种古朴典雅的风格。深棕色的金刚结将小叶紫檀与青玉莲蓬串联在一起，寓意祥和与美好。

图 4-14 传统星月菩提手链　　　　　图 4-15 复古时尚手链

图 4-16 单圈禅意风格手链

（三）现代风格

现代风格的手链更多地结合了年轻人的喜好，更加个性与时尚，以简单明快的色彩搭配方案为主。如图4-17所示的这款手链，款式简单精美，色彩协调统一，主题突出，寓意美好，深受年轻女孩子的喜欢。图4-18所示的这款手链，款式新颖、造型独特，因蓝色调拥有理性之美，其蓝色的花苞含蓄而优雅，尤其适合现代职场女性佩戴。

图4-17 现代风格手链1

图4-18 现代风格手链2

（四）个性化风格

追求与众不同的个性化风格，是新一代年轻人的生活方式之一，在手链的设计上也是如此。图 4-19 所示的桃花结手链的色彩搭配以粉色为主，配以嫩绿色点缀，春天的味道更加浓郁了。图 4-20 所示手链是常规款式，色彩搭配方面主要凸显了规律的几何纹样，显得非常独特与个性。

图 4-21 所示的黄绿色调和图 4-22 所示的粉紫色调手链，都采用了立体具象造型的编结手法来呈现。其造型独特、栩栩如生，符合个性化的消费需求。

图 4-19 桃花结手链

图 4-20 彩色几何手链

图 4-21 小鱼手链

图 4-22 蝴蝶手链

手链是戴在手腕上的链形装饰品，以祈求平安，镇定心志和装饰美观为主要用途。手腕是身体中较为纤细灵活的部位，手链的佩戴很容易随着手部的动作吸引旁人的注意，同时影响他人对佩戴者的印象。

一、手链的组成

手链由手链主体与收尾两部分组成。手链主体有粗细长短变化，还有装饰及延伸等强化形态。收尾主要体现其功能性，即开启与关闭，有伸缩式与非伸缩式两种方式。现代手链收尾也逐步注重了装饰性，不但具有开合功能，还具有与整体协调及提升手链整体效果的作用。

（一）手链宽度

宽度在 0.3 ~ 0.6cm 的为窄细手链，宽度在 1cm 左右的为正常宽度手链，宽度在 3cm 以上的为宽板手链。窄细手链一般显得比较精致、纤细，适于较瘦小的人佩戴；正常宽度手链适用范围、适应人群都比较广泛；宽板手链比较抢眼与霸气，是时尚人士的宠儿，见图 4-23。

（二）手链长度

手链长度主要根据手腕围的大小确定，太紧了会影响舒适性，太松了又会向下滑，不稳定。通常情况下，男士的手腕围一般为 18 ~ 20cm，女士的手腕围为 15.5 ~ 17.5cm。一般可用软尺测量手腕围（腕骨一周），再加上 0.5 ~ 1cm 的松量为宜，见图 4-24。一般手链长度与年龄、体重有关，可参考表 4-1。

图 4-23 手链宽度

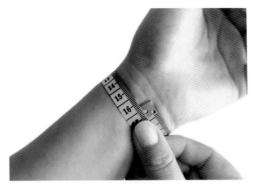

图 4-24 手链长度

表 4.1 手链尺寸参考表

年龄	体重 / 斤	适用尺寸 /cm
0 ~ 2月	6 ~ 10	10
2月 ~ 1岁	10 ~ 18	11
1 ~ 2岁	18 ~ 25	12
2 ~ 3岁	25 ~ 35	13
3 ~ 7岁	35 ~ 55	14
7 ~ 10岁	55 ~ 80	15
10 ~ 18岁	80 ~ 110	16
18岁以上	110 ~ 140	17
	140 ~ 170	18
	170 以上	19 以上

（三）手链装饰部位

将手链展平，以长度的中心为准，向左右两侧量取 3cm 左右作为重点装饰部位，该长度正好对应手背部分，举手投足均易被别人注视到，见图 4-25。

图 4-25 手链装饰部位

二、手链种类

（一）单圈手链

单圈手链是最为普及和被人们认知的手链形式。

（二）多圈手链

多圈手链一般串珠形式的比较多，为了强调手链的装饰效果，往往加长手链的长度使之多缠绕手腕几圈，或多戴几条，用层数的变化加以强化。这样的手链珠子一般不会太大，见图4-26。

（三）挂指手链

挂指手链增加了手背的装饰面积，可以进行多种图案的设计与展示，适用于舞台、表演等场合选用，见图4-27。

（四）组合手链

组合手链由不同材质的单圈或多圈手链组合而成，以增加丰富感或表达某个主题，如中国风、民族风等。图4-28中的组合手链是皮手镯＋黄铜做旧＋火山石，具有较强的民族色彩。

三、佩戴方式

一般来说，左手腕是用来戴手表的，故手链应戴在右手腕上。如今手机替代了手表，右手又经常活动，也可把手链戴在左手腕上。

四、如何选择手链颜色

手链颜色的选择应注意以下几个方面：

（1）看手链的色彩与其他配饰是否相统一；

（2）看手链的色彩与自己的肤色是否相适宜；

（3）看手链的色彩与服装的色彩是否搭配合理；

（4）有时为了突出个性，表达夸张的效果，也可以采取撞色、对比色等手法。

图4-26 多圈手链

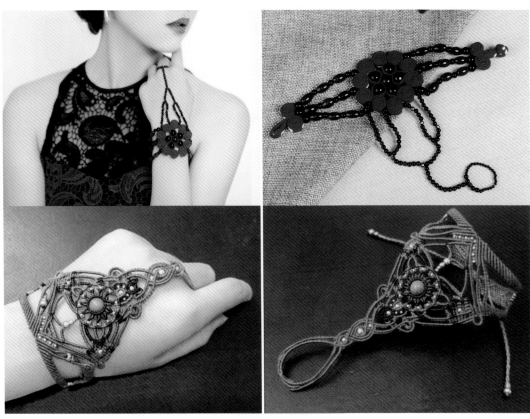

图 4-27 挂指手链

组合单品

图 4-28 组合手链

一、手链收尾方式

（一）伸缩式收尾

伸缩式收尾方式是指手链本身能够调节自身的长度。

1. 两端异向固定

两端异向固定是指尾端下垂部分在尾结的两侧，因戴上或取下手链时尾结处可以两个方向受力，手链的长度稳定性好，故人们多选用此种收尾方式，见图4-29。

图 4-29 两端异向固定

2. 两端同向固定

两端同向固定是指尾端下垂部分在尾结的同侧，因戴上或取下手链时尾结处只有一个方向受力，当多次滑动尾结时易产生松动现象，见图4-30。

图 4-30 两端同向固定

3. 一端拉环式

一端拉环式是指一端为能移动的拉环，另一端可为珠子等；也可一端做扣眼环，另一端穿过扣眼环后做成移动的拉环。这种收尾方式的手链戴上或取下时，没有上述两种收尾方式方便，但能突破传统，样式更加时尚，见图4-31。

图 4-31 一端环拉式

（二）非伸缩式收尾

非伸缩式收尾方式是指手链本身不能调节自身的长度。

1. 扣眼式

扣眼式是指一端为扣眼环，另一端为纽扣结或珠子，将扣眼环扣到纽扣结或珠子上的收尾方式。这就要求手链长度要与手腕粗细相一致，见图4-32。

图 4-32 扣眼式

2. 链扣式

链扣式是采用金属搭扣的形式进行手链的开关，一般用单圈与龙虾扣组合，通过加延长链调节手链长度；也可将其他金属链扣与手链编结部分黏合，这时手链长度加链扣的长度与手腕粗细相一致，见图4-33。

图 4-33 链扣式

二、常用的编结技法

（一）加线技法

1. 粗细不同的线加线

在粗线上加细线，一般多采用绕线方式，以突出某结、某段结组等效果。在细线上加粗线，多用于换线或增加挺括度，一般采用平结、斜卷结、雀头结等结饰进行加线。

2. 粗细相同的线加线

在粗细相同的线上加线，是为了增加线的根数，一般用来满足图案设计或多股线编制，一般采用蛇结、玉米结、金刚结等结饰进行加线。

（二）加配件技法

1. 整体协调

配件大小、形状、材质、颜色等要素的选择要与手链整体相协调，以免产生违和感。

2. 数量、重量

要恰当考虑配件的数量、重量，尤其是合金配件过于沉重会影响佩戴舒适性。

3. 有无打孔

配件与结线组合时，有孔配件直接穿孔，无孔配件一般可采用胶水黏合。

（三）加珠子技法

1. 整体协调

珠子大小、形状、色彩、材质等要素要与手链整体相协调，提高审美情趣，达到正确表达。

2. 珠孔大小

珠孔大小是一个容易被忽视且比较麻烦的问题。珠子大小合适，但珠孔不合适也是串不起来的。遇到小孔珠一般采用换细线的方式；遇到大孔珠，因要将多条线同时从珠孔穿过，故要考虑其线的粗细与珠孔合适的问题。

（四）隐藏技法

隐藏是编结不可逾越的问题，换线接头、结线之间的衔接、结的烧熔等都会留下一些痕迹，导致外观不美观。为此，要通过线圈、菠萝结、平结线圈等装饰物件将其加以遮盖，既能隐藏不美观的问题，又达到了装饰的目的。

第五章 结与绕线手链设计制作

绕线是近几年来非常流行、深受消费者喜爱的一种装饰手法。它以独特的色彩魅力，精致的视觉效果，细腻的工艺技法，衬托出其颜值与丰富感，在中国结艺中发挥着不可替代的作用。结与绕线的设计组合，相得益彰，精美脱俗，大大丰富并提升了手链的装饰效果与装饰空间。

一、扣连心弦手链特征

本款手链以纽扣结为装饰主体，附之绕线、双联结和平结等技法。连续不断的纽扣结增强了视觉冲击力，更加熠熠生辉。采用浅蓝色与浅黄色搭配，既经典时尚，又活泼精美，见图5-1。

图5-1 扣连心弦手链

二、材料准备（见图5-2）

图5-2 材料准备

净手围：15.5cm（后面从略）

1. 黄色5号线：120cm，1根
2. 浅黄色72号玉线：25cm，6根
3. 天蓝色72号玉线：25cm，3根
4. 蓝色15股股线/72号玉线：若干

三、扣连心弦手链制作方法（见图 5-3）

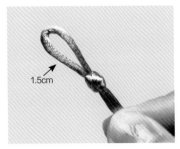

1. 预留扣眼环

对折 5 号线，预留扣眼环 1.5cm，编 1 个双联结（详见第三章第一节二）。

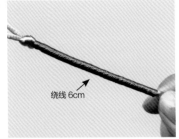

2. 绕线制作

用 15 股股线绕线 6cm（详见第三章第三节一），注意推紧线且不叠线。

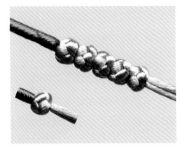

3. 编纽扣结

编制 5 个纽扣结（详见第三章第一节一），调线至紧密相连。

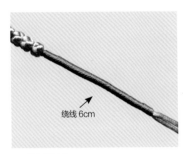

4. 另侧绕线

继续绕线 6cm。绕线要左右对称，整体符合手链长度。

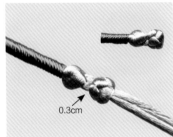

5. 尾扣制作

编 1 个双联结，间隔 0.3cm，用纽扣结收尾，剪掉余线，烧熔固定。

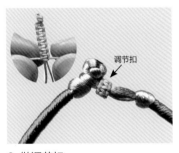

6. 做调节扣

取天蓝色线 1 根，浅黄色线 2 根，编 1 个双色平结线圈（7 个平结）。固定于扣眼环处。

7. 编平结线圈

取天蓝色线 2 根，浅黄色线 4 根，编 2 个平结线圈（9 个平结），装饰于纽扣结组两端。

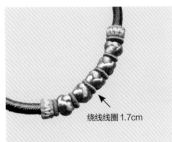

8. 绕线线圈

可在纽扣结间设计线圈装饰，增加色彩的丰富感。绕线线圈 1.7cm 间隔左右。

9. 整体效果

手链整体效果时尚雅致，自然简约，饱满细腻，有扣连心弦之感。

图 5-3 扣连心弦手链制作方法

一、金刚结缘手链特征

本款手链以金刚结为主体，附之绕线、双联结、线圈等技法。设计上点缀一朵小花，突出了尾扣的装饰，同时两者如同相思的恋人以金刚结缘。手链的尾扣与扣眼环配色偏亮，与紫色链身形成对比，纹理细腻，简约雅淡，见图5-4。

图 5-4 金刚结缘手链

二、材料准备（见图5-5）

图 5-5 材料准备

1. 紫色 A 玉线：240cm，1根
2. 天蓝色 72 号玉线：70cm，1根
3. 天蓝色 3 或 6 股股线：若干
4. 贝壳花：10mm（直径），1枚

金刚结缘手链

三、金刚结缘手链制作方法（见图 5-6）

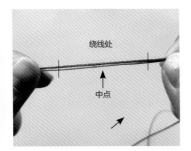

1. 扣眼环位

对折紫色 A 玉线和天蓝色 72 号玉线，将其取中。其中心处作为扣眼环位置。

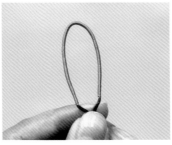

2. 绕线制作

用 3 或 6 股股线在扣眼环位置绕线 7.5cm（详见第三章第三节一）。

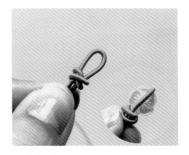

3. 定扣眼环

预留扣眼编 1 个双联结（详见第三章第一节二），将贝壳花穿进扣眼环，调整其大小。

4. 编金刚结

A 玉线为编线，72 号玉线为芯线，编包芯金刚结（详见第三章第二节三）。

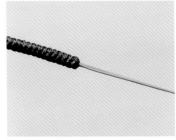

5. 编线收尾

编金刚结至约净手围长，剪掉编线，烧熔固定。

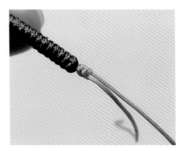

6. 芯线编制

用芯线编 2 个金刚结。

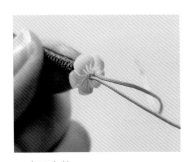

7. 穿贝壳花

穿入贝壳花，编 1 个蛇结使其固定。

8. 烧熔固定

剪掉余线，烧熔固定。注意烧熔线头颜色略深为佳。

9. 整体效果

扣上尾扣，手链整体效果纤细精致，温婉优雅。

图 5-6 金刚结缘手链制作方法

一、如意呈祥手链特征

本款手链以如意结为装饰主体，附之绕线、八股辫、平结等技法。配色以绕线如意结为亮色，八股辫链身偏暗色，从而突出装饰主体。如意结不仅浑厚温骨，还以示如意，以求吉祥，见图5-7。

图5-7 如意呈祥手链

二、材料准备（见图5-8）

图5-8 材料准备

1. 绿色15股股线：120cm，4根
2. 蓝色72号玉线：25cm，7根
3. 黄色72号玉线：25cm，4根
4. 黄色6股股线：若干
5. 蓝色6股股线：若干

如意呈祥手链

三、如意呈祥手链制作方法（见图5-9）

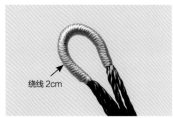

1. 做扣眼环
对折4根绿色15股股线，用黄色6股股线绕线（详见第三章第三节一）2cm。

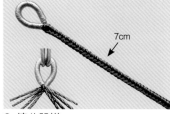

2. 编八股辫
将扣眼环挂在挂钩上，左侧线压于右侧线上，编方形八股辫（详见第三章第二节八）约7cm。

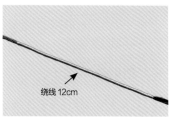

3. 绕线制作
用黄色6股股线绕线12cm，为做绕线如意结（详见第三章第一节八）做准备。

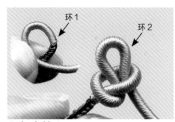

4. 如意结1
绕线逆时针做环1，接着绕线从背面穿出环1，形成环2，收紧环1。

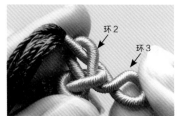

5. 如意结2
绕线单线从背面穿出环2，形成环3，然后将环3顺时针翻折。

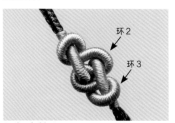

6. 如意结3
绕线从上面穿入环3。根据如意结的走向收紧环2、环3，调线塑形。

7. 另侧八股辫
编八股辫约12cm，在其末端打1个活结收尾。剪掉余线，烧熔固定。

8. 平结线圈
取25cm的蓝色72号玉线4根，黄色72号玉线2根，编2枚双色平结线圈（7个平结），装饰于如意结两侧。

9. 绕线线圈
用黄色和蓝色6股股线在黄色和蓝色72号玉线上绕线1.5cm，制作蓝色和黄色线圈各1枚，且固定于扣眼环处。

10. 编调节扣
编双色平结线圈（12个平结），链尾穿入扣眼环后，用调节扣固定。

11. 整体效果
手链整体效果清新纯甄、经典百搭，充满灵性与自然之感。

图5-9 如意呈祥手链制作方法

第四节 双钱献福手链设计制作

一、双钱献福手链特征

本款手链以双钱结为装饰主体，附之绕线、八股辫、纽扣结等技法。双钱结形似两枚串连的铜钱，象征着好事成双、财运广进。配色上采用金黄色线制作双钱结，搭配墨绿色链身，突出手链主体之时，还借结寓意，传好运之情，见图5-10。

图 5-10 双钱献福手链

二、材料准备（见图5-11）

图 5-11 材料准备

1. 墨绿色15股股线：95cm，4根
2. 金黄色6股彩金线：若干
3. 蓝色6股股线：若干

三、双钱献福手链制作方法（见图5-12）

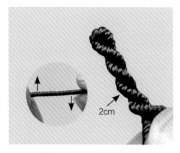

1. 扣眼制作
对折4根15股股线，左右两侧向相反的方向捻线，形成两股辫，长约2cm。

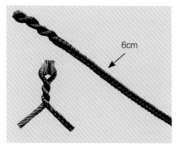

2. 编八股辫
为方便操作，可将扣眼环挂在挂钩上，编方形八股辫（详见第三章第一节六）约6cm。

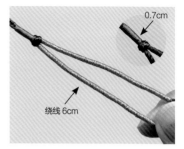

3. 绕线制作
八股辫末端绕线0.7cm。左右各4根线编1个蛇结，再用彩金线各绕线6cm。

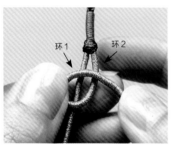

4. 双钱结1
编双钱结（详见第三章第一节六）。右线顺时针绕一圈为环1，压于左线，形成环2。

5. 双钱结2
左线压右线后，从后面穿进环2。

6. 双钱结3
接着压环1挑环2（为清楚起见用紫色表示环2），然后将两根绕线末端对齐。

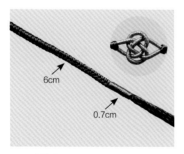

7. 另侧制作
编1蛇结后，继续编八股辫约6cm，然后绕线0.7cm固定。

8. 尾扣制作
左右各4根线编1个纽扣结收尾。剪掉余线，烧熔固定。

9. 整体效果
手链整体效果亮眼醒目，穿插排列的镂空图案，复古而优雅。

图5-12 双钱献福手链制作方法

一、桂馥兰香手链特征

本款手链以桂花结为装饰主体，附之绕线、八股辫、线圈和平结等技法。配色以金色和绿色搭配，并用线圈延续装饰桂花结，不但突出花朵繁茂，还表达了从容绽放、芳香扑鼻的意境之美，见图5-13。

图 5-13 桂馥兰香手链

二、材料准备（见图5-14）

图 5-14 材料准备

1. 墨绿色 15 股股线：60cm，8 根

2. 蓝绿色 72 号玉线：25cm，4 根

3. 姜黄色 72 号玉线：25cm，8 根

4. 金黄色 6 股彩金线：若干

5. 蓝绿色 6 股股线：若干

6. 浅咖色 6 股股线：若干

三、桂馥兰香手链制作方法（见图 5-15）

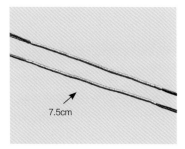

1. 绕线制作

取墨绿色 15 股股线，分为 2 组各 4 根。对折 4 根线取中后，用 6 股彩金线绕线 7.5cm，两组线做法相同。

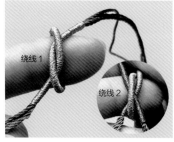

2. 桂花结 1

编桂花结（详见第三章第一节九）。将绕线 1 打活结，绕线 2（紫线）夹在活结压线处，末端对齐。

3. 桂花结 2

翻转至指背，将绕线 2 压于绕线 1 的单线处，用中指压住，然后顺时针绕食指一周，压于其末端。

4. 桂花结 3

然后分开环 1，挑墨绿线，压姜黄线，收紧。

5. 桂花结 4

翻转至指背，挑起相邻的绕线 2。将绕线移出食指，收紧。调线至绕线末端等长，背面编 1 个玉米结。

6. 主体制作

编八股辫约 10cm 后，用浅咖色 6 股股线绕线 0.5cm，接着打 1 个活结收尾。另一侧同此步骤。

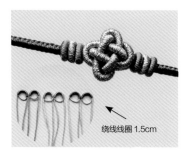

7. 装饰线圈

用三色股线绕线 1.5cm，三色各制作 2 枚线圈，固定于桂花结两侧。

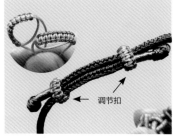

8. 做调节扣

取蓝绿色玉线 2 根，姜黄色线 4 根，编 2 枚平结线圈（10 个）。链尾对穿线圈后将其固定。

9. 整体效果

手链整体效果清新淡雅，骨感从容，尤如开启了桂馥兰香的幻境。

图 5-15 桂馥兰香手链制作方法

一、炫彩花艳手链特征

　　本款手链以两种线圈为装饰主体，附之绕线、平结、蛇结等技法。配色以蓝、黄色对比搭配，色彩生动而娇艳，犹如炫彩花艳般闪耀夺目，见图 5-16。

图 5-16　炫彩花艳手链

二、材料准备（见图 5-17）

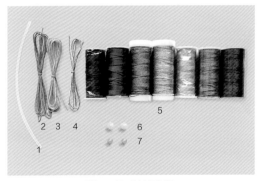

图 5-17　材料准备

1. 软管：4mm（直径），15cm，1 根
2. 蓝绿色 72 号玉线：90cm，1 根；25cm，12 根
3. 姜黄色 72 号玉线：25cm，8 根
4. 金黄色 15 股彩金线或 72 号玉线：25cm，2 根
5. 3 或 6 股股线／彩金线：若干
6. 浅绿色圆珠：8mm（直径），2 颗
7. 姜黄色圆珠：6mm（直径），2 颗

炫彩花艳手链

三、炫彩花艳手链制作方法（见图5-18）

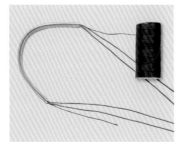

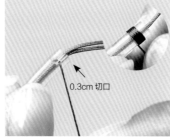

1. 穿线

对折90cm蓝绿色玉线，用40cm的软钢丝引线，将蓝绿色玉线和3股股线辅助穿入软管，玉线两侧等长。

2. 端口绕线

软管两端各剪0.3cm切口，将线团这端的3股股线卡进切口后绕线。绕线力度适中且均匀，不叠线，不推紧。

3. 主体绕线

绕线至末端，预留0.5cm，然后将软管内侧线弯折，并卡进切口。继续完成绕线后收尾。

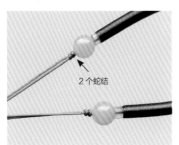

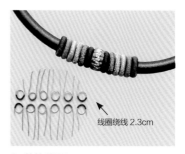

4. 串珠

蓝绿色玉线穿1颗8mm圆珠，然后编2个蛇结收尾。两侧相同。

5. 平结线圈

取2根金黄色15股彩金线和1根蓝绿色玉线，编平结线圈（10个平结），固定于绕线中点处。

6. 装饰线圈

用60cm的六种颜色股线绕线2.3cm，各制作2枚线圈。装饰于平结线圈两侧。

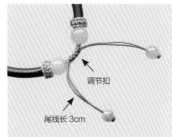

7. 平结线圈

取蓝绿色玉线4根，姜黄色玉线2根，编2枚平结线圈（10个平结），固定于绕线与圆珠连接处。

8. 尾链制作

编3个双向平结作为调节扣。尾线长3cm，穿1颗尾珠，然后编1个蛇结收尾。

9. 整体效果

手链整体效果色彩丰富，温婉依然，更有风韵，更加溢彩。

图5-18 炫彩花艳手链制作方法

第七节 犹抱琵琶手链设计制作

一、犹抱琵琶手链特征

本款手链以绕线琵琶结为装饰主体，附之绕线、八股辫等技法。采用天蓝色为主色调，红、灰、咖、深蓝等色为辅色，色彩和谐、丰富。该设计将琵琶结作为链扣，首尾相接，犹抱琵琶，声随情起，情随事迁，见图 5-19。

图 5-19 犹抱琵琶手链

二、材料准备（见图 5-20）

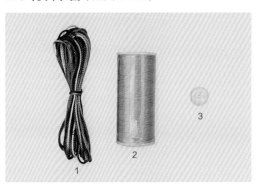

图 5-20 材料准备

1. 段染色 15 股股线：95cm，4 根
2. 天蓝色 3 股股线：若干
3. 黄色隔片：10mm（直径），1 枚

三、犹抱琵琶手链制作方法（见图 5-21）

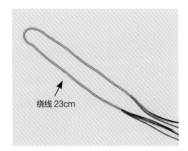

1. 绕线制作

对折 4 根 95cm 的段染色 15 股股线，用天蓝色 3 股股线绕线 23cm（详见第三章第三节一）。

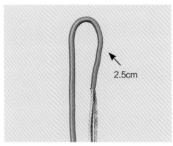

2. 预留长度

将右侧绕线留出约 2.5cm 的长度。

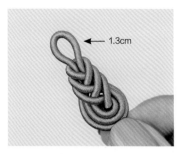

3. 做琵琶结

将绕线部分编琵琶结（详见第三章第一节四），预留扣眼环长 1.3cm。

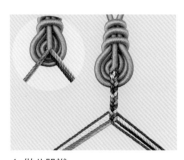

4. 做八股辫

琵琶结翻至背面。将 8 根线分为左右各 4 根，编八股辫约 15cm（详见第三章第一节四）。

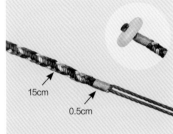

5. 绕线固定

用天蓝色 3 股股线绕线 0.5cm 固定八股辫。剪去 6 根线，烧熔固定。将剩余的 2 根线穿过隔片，编 1 蛇结收尾。

6. 整体效果

手链整体效果色泽丰美，古韵悠长。

图 5-21　犹抱琵琶手链制作方法

一、天天桃花手链特征

本款手链以桃花结为装饰主体，附之绕线、凤尾结、平结等技法。配色以蓝色为底色，粉红色为亮色，加彩金线点缀桃花结，并以凤尾结为桃花的叶子，塑造出天天桃花、灼灼其华、三生三世、桃花依旧的美好氛围，见图5-22。

图 5-22 天天桃花手链

二、材料准备（见图5-23）

图 5-23 材料准备

1. 蓝绿色 A 玉线：80cm，2 根
2. 浅粉色 A 玉线：50cm，1 根
3. 姜黄色 72 号玉线：25cm，1 根

4. 蓝绿色 72 号玉线：25cm，7 根；40cm，1 根
5. 金黄色 6 股彩金线：若干
6. 珊瑚粉色 3 股股线：若干
7. 浅粉色 3 股股线：若干
8. 蓝绿色 3 股股线：若干

天天桃花手链

三、天天桃花手链制作方法（见图 5-24）

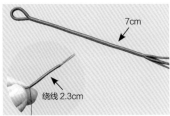

1. 扣眼环及长绕线制作
对折 2 根蓝绿色 A 玉线取中作为轴线，用蓝绿色股绕线绕线 2.3cm 后不断线，将末端绕线处折回后继续绕线 7cm。

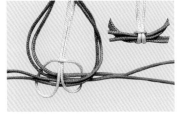

2. 桃花结－上花瓣
将蓝绿色 A 玉线分为左右各 2 根并相向叠合，编桃花结（详见第三章第一节七）。对折浅粉色 A 玉线，在叠合处挂线，形成雀头结。

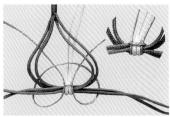

3. 桃花结－加金线
取彩金线 50cm，将中点置于浅粉色 A 玉线上，左右线各从背面绕叠合处一圈穿回，包住浅粉色 A 玉线。

4. 桃花结－彩金线编右花瓣
收紧轴线。将彩金线在右轴线上编半个雀头结。

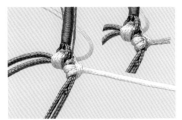

5. 桃花结－A 玉线编右花瓣
浅粉色 A 玉线编 1 个雀头结，最后用彩金线编后半个雀头结，包住浅粉色 A 玉线。

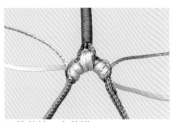

6. 桃花结－左花瓣
左侧两线编法相同，方向相反。

7. 桃花结－下花瓣
将轴线相向叠合。用浅粉色 A 玉线先从背面绕叠合处一圈，穿入右侧环，接着用彩金线重复相同步骤。

8. 一个桃花结
左侧编法相同，方向相反。最后同时收紧轴线和编线，1 个双线桃花结完成。

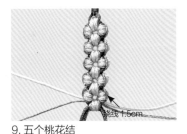

9. 五个桃花结
重复步骤 4～8，共制作 5 个双线桃花结。

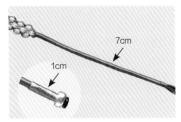

10. 尾链制作
剪去编线，烧熔固定。绕线 7cm，穿银车轮珠后，编 1 个玉米结收尾。为与主体呼应，可用珊瑚粉色股绕线 1cm 固定银车轮珠。

11. 编凤尾结
用彩金线在桃花结两侧各绕线1cm。左右各制作 3 枚不同颜色的线圈，右中线圈固定时轴线不剪，编 2 个凤尾结（详见第三章第一节五）。

图 5-24 天天桃花手链制作方法

12. 整体效果
平结线圈固定于扣眼环处。手链整体效果偏淑女、可爱，代表永恒，独具意境。

一、锦之秀慧手链特征

本款手链主体设计为双向平结，为了增添趣味感与色彩的丰富感，在平结表面上添加了装饰线，属应用装饰线的范例，改变了平结单一的外观风格，形成了新的肌理效果，外观柔美古朴、文雅秀丽，见图 5-25。

图 5-25 锦之秀慧手链

二、材料准备（见图 5-26）

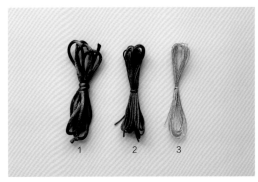

图 5-26 材料准备

1. 绿色 5 号线：80cm，1 根

2. 绿色 A 玉线：200cm，1 根

3. 金黄色 6 股彩金线：140cm，1 根

锦之秀慧手链

三、锦之秀慧手链制作方法（见图 5-27）

1. 预留扣眼

以 5 号线为轴线，A 玉线为编线，两线对折取中。预留扣眼长 1.3cm，编双向平结。

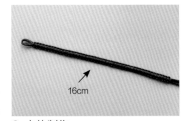

2. 主体制作

编双向平结约 16cm，剪掉编线，烧熔固定。注意：编制时力度略轻，方便后续缝制。

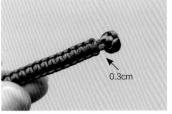

3. 编收尾结

与平结间隔 0.3cm，轴线打纽扣结收尾。剪掉余线，烧熔固定。

4. 穿针引线

取 6 股彩金线 140cm 穿入缝针。将线头端烧黏，防脱散。

5. 固定缝线

在背面顶端挑起几根编线，将彩金线末端烧熔固定。

6. 缝线 1 步

缝针从背面穿入左侧第一个花瓣，穿针后拉紧缝线。

7. 缝线 2 步

将手链翻至正面。缝针穿入左侧第二个花瓣，拉紧缝线。

8. 缝线 3 步

缝针回穿左侧第一个花瓣，再穿入右侧第三个花瓣。

9. 缝线 4 步

缝针回穿右侧第二个花瓣，接着穿入左侧第三个花瓣。

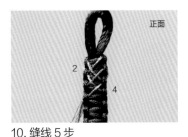

10. 缝线 5 步

以此类推。缝针回穿左侧第二个花瓣，再穿入右侧第四个花瓣，形成如图交错状。

11. 整体效果

手链整体效果细密、平整、雅致，具有较强的肌理与色彩效果。

图 5-27 锦之秀慧手链制作方法

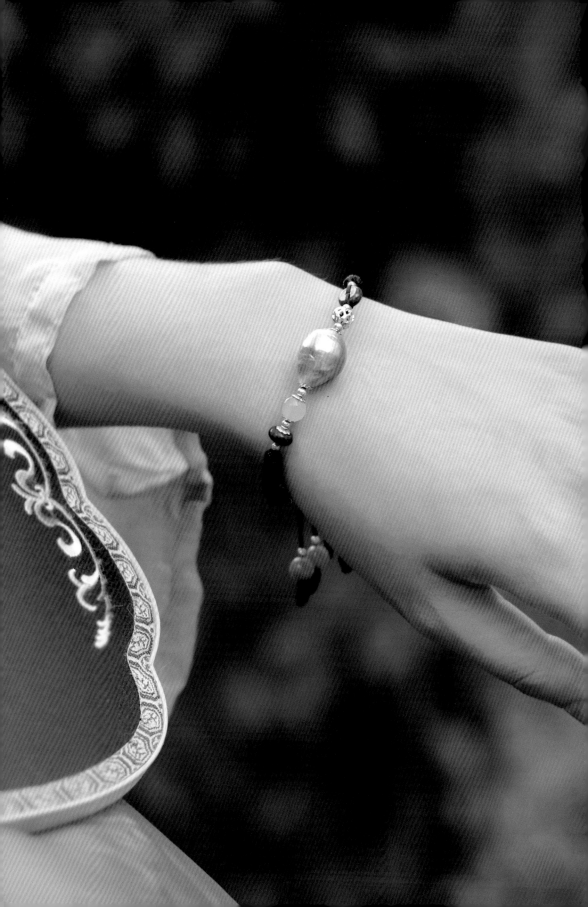

第六章 结与串珠手链设计制作

结与串珠组合是一种古老的方式。随着科技的发展，珠子的材料、形状、色彩等均发生了很大变化，有效增强了结艺的装饰效果，赋予结艺更大的设计空间。结与串珠的设计组合，使手链等饰物变得多姿多彩，魅力无限。在追求个性、追求时尚的今天，挥洒自己的想象，精巧构思、巧妙搭配，给生活增添更多靓丽的色彩。

一、鸿运久久手链特征

本款手链以串珠（南瓜珠、圆珠、包金珠）为装饰主体，附之平结技法。配色以红色为主，搭配南瓜珠和墨绿色圆珠点缀，并用包金珠与花托提亮，增添了几分时尚感。人们佩戴红绳，期盼鸿运久久，体现着人们追求真善美的美好愿望，见图 6-1。

图 6-1 鸿运久久手链

二、材料准备（见图 6-2）

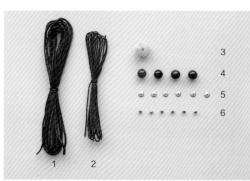

图 6-2 材料准备

净手围：15.5cm（后面从略）

1. 红色 A 玉线：80cm，2 根；20cm，1 根

2. 红色 72 号玉线：40cm，2 根

3. 天蓝色南瓜珠：10mm（直径），1 颗

4. 墨绿色圆珠：6mm（直径），4 颗

5. 银色花托：4mm（直径），6 枚

6. 包金珠：2.5mm（直径），6 颗

三、鸿运久久手链制作方法（见图 6-3）

1. 烧线拉丝
取 2 根 72 号玉线，用打火机烧熔线头进行拉丝处理，为串珠做准备。

2. 串珠设计
中间穿 1 颗南瓜珠，两侧各穿 1 颗圆珠，圆珠两侧包花托，珠与珠之间用包金珠间隔。

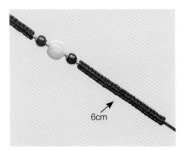

3. 平结制作
以串珠线为轴，对折 A 玉线为编线，编双向平结约 6cm，剪线烧熔。另一侧同此步骤。

4. 编调节扣
将轴线相向叠合，用 20cm 的 A 玉线在轴线上编 3 个双向平结，作为调节扣。

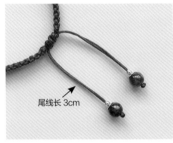

5. 尾链制作
尾线长 3cm，链尾穿 1 颗包金珠、花托和圆珠，最后编 1 个蛇结收尾。

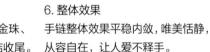

6. 整体效果
手链整体效果平稳内敛，唯美恬静，从容自在，让人爱不释手。

图 6-3 鸿运久久手链制作方法

一、竹报平安手链特征

本款手链以平安扣加串珠（圆珠、银珠）为主体，附之平结技法。巧妙地点缀不同大小的银珠，塑造出青翠竹节的生长形态。配色以绿色为主色调，搭配白色平安扣和银珠提亮。竹节围系着平安扣，委婉动人，不但浑然天成，还寓意竹报平安，见图6-4。

图6-4 竹报平安手链

二、材料准备（见图6-5）

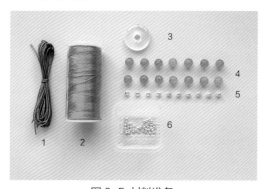

图6-5 材料准备

1. 绿色72号玉线：50cm，4根；25cm，1根
2. 淡蓝色3股股线：60cm，2根
3. 白色平安扣：20mm（直径），1枚
4. 蓝色圆珠：6mm（直径），14～16颗
5. 大银珠：4mm（直径），10颗
6. 小银珠：2mm（直径），40颗

竹报平安手链

三、竹报平安手链制作方法（见图6-6）

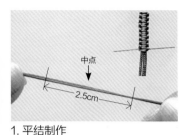

1. 平结制作

取2根玉线为轴线，对折。用股线在中间位置编双向平结约2.5cm。

2. 平结长度

用平结包紧一侧平安扣确定其长度。然后剪去股线，烧熔固定。

3. 包平安扣

4根轴线穿1颗大银珠。以中间2根为轴线，两侧各1根为编线，编1个双向平结固定大银珠。

4. 左线串珠

轴线穿1颗蓝色圆珠，左编线穿5颗小银珠。

5. 平结固定

编1个双向平结，固定圆珠。轴线穿1颗大银珠，编1个双向平结固定大银珠。

6. 右线串珠

轴线穿1颗圆珠，右编线穿5颗小银珠，同步骤4、5。可设置为第一组串珠。

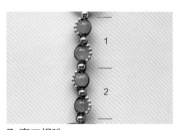

7. 穿二组珠

左右重复穿第二组串珠，用平结相间固定。

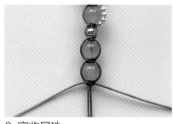

8. 穿收尾珠

穿2颗蓝色圆珠，然后编1个双向平结作为间隔及收尾。

9. 烧熔固定

剪去编线、烧熔固定。以同样编法编制平安扣另一侧。

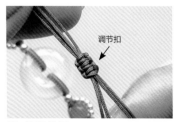

10. 编调节扣

将两侧轴线相向叠合，用25cm的玉线在轴线上编3个双向平结。

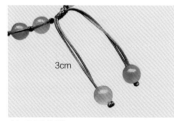

11. 尾珠制作

尾线长3cm，穿1颗蓝色圆珠，编1个蛇结，剪掉余线，烧熔固定。

12. 整体效果

手链整体效果秀雅典致，群珠锦簇，彰显出知性、优雅之风。

图6-6 竹报平安手链制作方法

第三节 溯玉流珠手链设计制作

一、溯玉流珠手链特征

本款手链以串珠（吊坠、大孔珠）为装饰主体，附之绕线技法。配色以绿色和金色为主色调，以红、白色点缀，色调鲜亮。绕线与串珠无缝对接，厚重温润，细腻饱满，营造出泉溯流珠、磬玉脆鸣之境，见图 6-7。

图 6-7 溯玉流珠手链

二、材料准备（见图6-8）

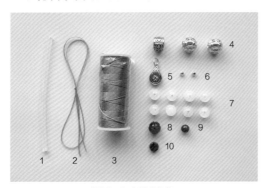

图 6-8 材料准备

1. 白色软管：4mm（直径），8.5cm，1 根
2. 绿色弹力线：50cm，1 根
3. 军绿色 6 股股线：若干
4. 金色大孔珠：4.5mm（孔径），2 颗；5mm（孔径），1 颗
5. 绿色水滴吊坠：1 枚
6. 包金珠：3mm（直径），2 颗
7. 白色圆珠：8mm（直径），8 颗
8. 碧绿色雕花圆珠：10mm（直径），1 颗
9. 碧绿色圆珠：6mm（直径），1 颗
10. 红色隔片：8mm（直径），1 枚

三、溯玉流珠手链制作方法（见图6-9）

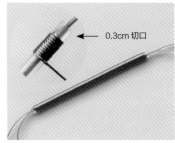

0.3cm 切口

5mm 孔径

1. 穿入软管
取弹力线对折，用软钢丝作引线，辅助弹力线和6股股线穿入软管。

2. 绕线制作
软管两端各剪0.3cm切口。将股线卡进切口后绕线，最后同样卡线收尾。

3. 串大孔珠
先穿1颗5mm大孔珠，在两侧各穿1颗4.5mm大孔珠，并固定在软管两端。

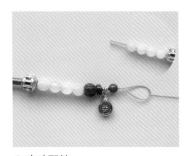

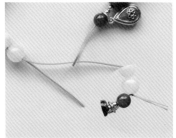

4. 穿珠配件
一端穿入圆珠、隔片和吊坠，注意穿吊坠时左右各穿1颗包金珠。另一侧穿入4颗白色圆珠。

5. 打结收尾
将1根线穿入另一侧的环中，逐渐收紧线后打1个死结。预留3mm线头，余线剪掉。最后将结卡进珠孔内。

6. 整体效果
手链整体效果珠坠互映，偏廷御古风感。由于装饰主体多样，可采用串珠或绕线为主体的佩戴方式。

图6-9 溯玉流珠手链制作方法

一、水木年华手链特征

本款手链以串珠（木珠、雕花珠、莲花扣）为主体，附之平结、蛇结技法。双色单向平结如同春风拂过而漾起的水纹，木珠在碧玉珠的点缀下充满了生机活力。抚摸着印证时光的木纹，凝望着曾经的水木年华，体现了传统与时尚的完美结合，见图6-10。

图6-10 水木年华手链

二、材料准备（见图6-11）

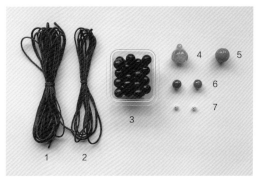

图6-11 材料准备

1. 墨绿色 A 玉线：150cm，1根；90cm，1根
2. 深咖色 A 玉线：90cm，1根
3. 深咖色木珠：6mm（直径），35颗
4. 碧绿色莲蓬珠：10mm（直径），1颗
5. 碧绿色雕花珠：10mm（直径），1颗
6. 墨绿色圆珠：6mm（直径），2颗
7. 银珠：3~4mm（直径），2颗

水木年华手链

三、水木年华手链制作方法（见图6-12）

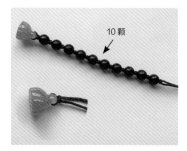

1. 穿一侧珠

取墨绿色A玉线穿入莲蓬珠后对折，编1个蛇结。然后双线穿10颗木珠，蛇结间隔。

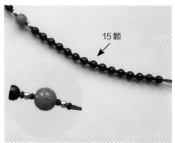

2. 穿另侧珠

依次穿1颗银珠、雕花珠、银珠（提亮）。再穿15颗木珠，蛇结间隔。

3. 加双色线

取90cm的墨绿色和深咖色A玉线，依次在串珠线上编1个单向平结，此处用黄色、蓝色粗线展示。

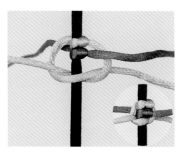

4. 黄色编结

用黄色线在下面编1个单向平结（详见第三章第二节一）。

5. 蓝色编结

用蓝色线在黄色线下面编1单向平结。

6. 编结效果

重复步骤4、5,编单向平结7.5cm。

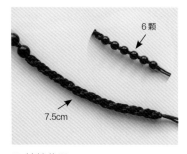

7. 蛇结收尾

编平结7.5cm，剪去编线，烧熔固定。继续穿6颗木珠后，编2个蛇结收尾。

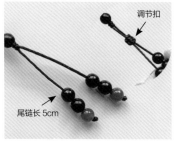

8. 尾链制作

尾线长5cm。单线穿2颗木珠、1颗墨绿色圆珠，打1个活结。编2个双向平结线圈为调节扣。

9. 整体效果

手链整体效果唯美恬静，淡雅轻柔，偏禅意，具有古朴典雅风格。

图6-12 水木年华手链制作方法

第五节 冰清玉润手链设计制作

一、冰清玉润手链特征

本款手链以串珠（雕花珠、吊坠、圆珠）为设计主体，附之蛇结、线圈等技法。配色以清润的白色为主，用墨绿色和红色点缀，美而不媚，雅而不俗，精致脱俗，秀雅典致，更显冰清玉润，见图6-13。

图6-13 冰清玉润手链

二、材料准备（见图6-14）

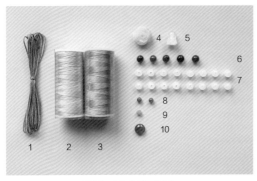

图6-14 材料准备

1. 豆绿色72号玉线：60cm，2根；25cm，4根
2. 浅黄色3股股线：若干
3. 豆绿色3股股线：若干

4. 白色雕花珠：15mm（直径），1颗
5. 白色吊坠：10mm（直径），1枚
6. 墨绿色圆珠：6mm（直径），5颗
7. 白色圆珠：6mm（直径），16颗
8. 红色圆珠：4mm（直径），2颗
9. 黄色圆珠：4mm（直径），1颗
10. 红色隔片：8mm（直径），1枚

冰清玉润手链

三、冰清玉润手链制作方法（见图 6-15）

1. 穿孔挂线

对折 72 号玉线，双线穿入雕花珠的孔后，再回穿线环并拉紧线，然后编 1 个蛇结固定。

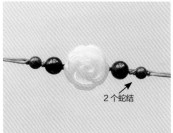

2. 穿主体珠

左右各穿 1 颗红色圆珠和墨绿色圆珠，中间穿雕花珠，编 1 个蛇结间隔。右侧间隔 2 个蛇结，以备悬挂吊坠之用。

3. 穿侧面珠

依次穿 4 颗白色圆珠、1 颗墨绿色圆珠、4 颗白色圆珠，编 1 个蛇结间隔，最后编 2 个蛇结收尾。两侧同步且对称。

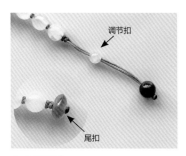

4. 尾链制作

穿 1 枚隔片作为尾扣。另一侧穿 1 颗黄色圆珠（调节扣）和 1 颗墨绿色圆珠，编蛇结收尾。尾线长 2.5cm。

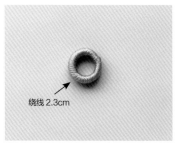

5. 编线圈 1

取 72 号玉线为轴线，用豆绿色股线绕线 2.3cm，制作 1 个线圈（详见第三章第三节）。

6. 编线圈 2

取 72 号玉线穿入线圈 1，制作线圈 2，制作方法同线圈 1。

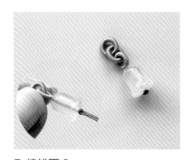

7. 编线圈 3

线圈 3 制作方法同线圈 1。其轴线穿入吊坠后，编 1 个蛇结，并烧熔固定。

8. 编线圈 4

浅黄色股线制作线圈 4，置于 2 个蛇结间隔处，然后收紧线圈。

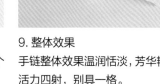

9. 整体效果

手链整体效果温润恬淡，芳华艳美，活力四射，别具一格。

图 6-15 冰清玉润手链制作方法

第六节 淡漠高洁手链设计制作

一、淡漠高洁手链特征

本款手链以尾扣与吊坠为装饰主体，附之绕线、平结等技法。配色较为清雅素洁，灰色调搭配高明度色，散发着清秀典雅、淡漠高洁的气质。巧妙利用尾扣装饰，既解决了开关功能，同时又具有装饰功能，见图 6-16。

图 6-16 淡漠高洁手链

二、材料准备（见图 6-17）

图 6-17 材料准备

1. 浅灰色米兰线：3mm（直径），37.5cm，1 根
2. 豆绿色 72 号玉线：30cm，4 根
3. 姜黄色 72 号玉线：30cm，1 根
4. 浅灰色 72 号玉线：40cm，1 根
5. 天蓝色 3 股股线：若干
6. 豆绿色 3 股股线：若干
7. 天蓝色隔片：12 ~ 20mm（直径），1 枚
8. 姜黄色圆珠：6mm（直径），1 颗
9. 白色吊坠：1 枚
10. 银色大孔珠：5mm（孔径），1 颗
11. 银珠（大小、材质不限）：3mm（直径），1 颗

三、淡漠高洁手链制作方法（见图6-18）

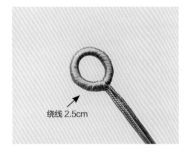

1. 编单线圈

以豆绿色72号玉线为轴线，用天蓝色股线绕线2.5cm。最后将轴线调为等长。

2. 编双线圈

穿1颗姜黄色圆珠，将线相向叠合，用天蓝色股线绕线2cm。剪去轴线后，将微量线头藏进珠孔内。

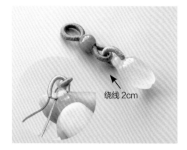

3. 穿挂吊坠

用豆绿色72号玉线穿一侧线圈。对穿横孔吊坠，用豆绿色股线绕线2cm（长度不限）。

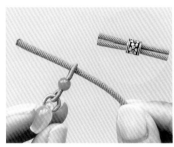

4. 穿大孔珠

将米兰线穿入吊坠线圈后对折，然后双线穿入大孔珠。

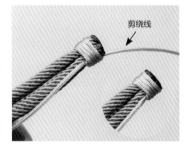

5. 固定线头

烧熔线头，取浅灰色玉线在末端绕线4圈，剪一端绕线后烧熔。

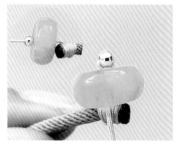

6. 穿入隔片

另一端浅灰色玉线穿隔片、银珠，再穿回隔片。银珠用于堵住隔片孔。

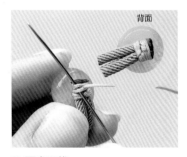

7. 固定玉线

浅灰色玉线穿缝针后，将其固定于末端，剪线烧熔，尾扣完成。

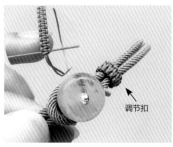

8. 编调节扣

取2根豆绿色玉线和1根姜黄色玉线，编平结线圈（10个平结）。

9. 整体效果

手链整体效果秀雅典致，彰显品位。

图6-18 淡漠高洁手链制作方法

一、风紫娇姿手链特征

本款手链以串珠流苏坠为装饰主体，附之绕线、平结、菠萝结等技法。配色以紫色调为主，并用粉色和蓝色这两种相邻色点缀，具有十足的浪漫风韵。流苏坠的设计增添了几分可爱、浪漫、温婉与情趣，衬托出风紫娇姿的优雅气质，见图6-19。

图6-19 风紫娇姿手链

二、材料准备（见图6-20）

图6-20 材料准备

1. 紫红色5号线：40cm，2根
2. 深紫粉色72号玉线：45cm，2根；25cm，13根

3. 天蓝色72号玉线：25cm，4根
4. 深紫红色6股股线：若干
5. 紫红色6股股线：若干
6. 浅粉色6股股线：若干
7. 紫红色雕花珠：10mm（直径），1颗
8. 白色贝壳花：10mm（直径），1枚
9. 天蓝色菠萝结：7mm（直径），2颗
10. 深紫红色圆珠：6mm（直径），2颗
11. 浅粉色圆珠：6mm（直径），4颗
12. 天蓝色圆珠：2.5mm（直径），2颗
13. 深紫红色圆珠：2.5mm（直径），13颗

三、风紫娇姿手链制作方法（见图6-21）

1. 穿珠加线

对折45cm的深紫粉色72号玉线，双线穿1颗雕花珠。再将72号玉线和5号线对折，依次穿入上面线环中，然后拉紧玉线。

2. 加另侧线

取紫红色5号线，深紫粉色线在5号线中点处打1活结固定。加5号线的目的是增加手链的挺括度。

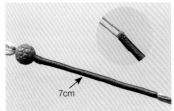

3. 绕线制作

用深紫红色6股股线绕线7cm，另一侧同此步骤。剪去两侧5号线，保留深紫粉色线。

4. 加菠萝结

两侧各加1个菠萝结，以遮盖其连接处（详见第三章第三节二）。

5. 加入线圈

做2枚浅粉色和紫红色线圈。用天蓝色玉线4根和深紫粉色玉线8根，做4枚双色平结线圈（8个平结）。右侧平结线圈轴线不剪。

6. 添加花朵

将右侧平结线圈的轴线调至正面。穿1枚贝壳花，然后编1个蛇结固定，剪线烧熔。

7. 穿流苏珠1

对折深紫红色股线35cm，挂在贝壳花的背面，然后编1个蛇结固定。左线依次穿2.5mm深紫红色圆珠，打1活结收尾。

8. 穿流苏珠2

右线顶端比左线多穿2～3颗2.5mm深紫红色圆珠，增加层次感。

9. 手链收尾

用深紫粉色玉线穿1颗浅粉色圆珠，编2个蛇结收尾。在绕线与圆珠连接处，加1枚平结线圈修饰。另一侧同步骤。

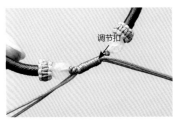

10. 编调节扣

将手链逐步弯折塑形。用深紫粉色玉线编1个秘鲁结或平结作为调节扣（详见第三章第一节三）。

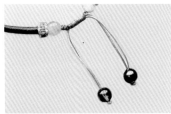
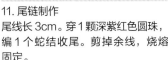

11. 尾链制作

尾链长3cm。穿1颗深紫红色圆珠，编1个蛇结收尾。剪掉余线，烧熔固定。

图6-21 风紫娇姿手链制作方法

12. 整体效果

手链整体效果精致唯美、灵动浪漫，饱含着甜美梦幻的韵味。

一、雅淡幽姿手链特征

本款手链以串珠（异形珠、圆珠、包金珠、隔片等）为装饰主体，附之玉米结、凤尾结等技法。该设计通过非对称的串珠细节，增添了别样韵味。配色为蓝紫色调为主，通过包金珠提亮，衬托出手链雅淡幽姿的魅力，见图6-22。

图6-22 雅淡幽姿手链

二、材料准备（见图6-23）

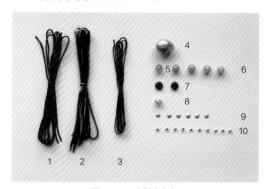

图6-23 材料准备

1. 深蓝色A玉线：80cm，2根
2. 深紫色A玉线：80cm，2根
3. 深蓝色72号玉线：100cm，1根

4. 紫灰色异形珠：18mm×12mm，1颗
5. 蓝绿色圆珠：6mm（直径），1颗
6. 紫灰色圆珠：6mm（直径），4颗
7. 海蓝色隔片：6mm（直径），2枚
8. 包金隔珠：6mm（直径），1颗
9. 包金花托：4mm（直径），6枚
10. 包金珠：2.5mm（直径），10颗

雅淡幽姿手链

三、雅淡幽姿手链制作方法（见图6-24）

1. 穿珠

将100cm深蓝色72号玉线取中剪断，双线穿入异形珠。异形珠两侧穿入蓝绿色圆珠、隔片、花托和包金珠。

2. 对穿隔片

左侧对穿一枚隔片，收紧线。然后两侧各穿1颗包金珠固定。

3. 加入编线

取深紫色和深蓝色A玉线各1根，双线对折后编1个玉米结，收紧至"田"字形（此处用亮色线区分）。

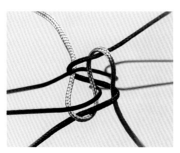

4. 穿入芯线

将穿珠的2根线作为芯线，从背面穿入玉米结相对的环中。然后收紧玉米结。

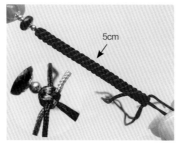

5. 编玉米结

编玉米结约5cm，玉米结与串珠紧密相连。为方便编制，可将芯线挂在挂钩上。

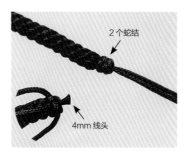

6. 包芯蛇结

芯线留4mm线头，烧熔后与玉米结黏合。以2根深紫色A玉线为编线，编2个包芯蛇结。

7. 编调节扣

另一侧同此步骤。编完后，将芯线相向叠合，用深紫色A玉线编3个双向平结作为调节扣，烧熔固定。

8. 尾链制作

尾线长3cm。穿1颗包金珠和紫灰色圆珠后，编1个凤尾结收尾。

9. 整体效果

手链整体效果色调偏暗，具有知性优雅、幽然静谧之感。

图6-24 雅淡幽姿手链制作方法

第九节 同心永结手链设计制作

一、同心永结手链特征

本款手链以同心结分界，串珠与编结同为设计主体。同心结寓意永结同心。一边串珠一边编结的设计，就像完全不同的彼此融入在一起，同心永结，见图6-25。

图6-25 同心永结手链

二、材料准备（见图6-26）

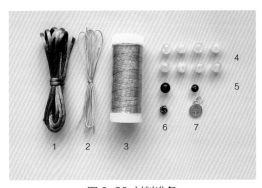

图6-26 材料准备

1. 紫红色5号线：140cm，1根
2. 粉紫色72号玉线：50cm，1根；20cm，1根
3. 金黄色6股彩金线：若干
4. 粉色圆珠：8mm（直径），8颗
5. 紫色圆珠：8mm（直径），1颗；6mm（直径），1颗
6. 紫色菠萝结：1枚
7. 金色吊坠：1枚

三、同心永结手链制作方法（见图6-27）

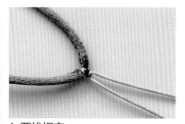

1. 两线相交
取紫红色5号线及粉紫色玉线50cm，两线对折后在中点相交。用玉线编1个蛇结固定。

2. 穿一侧珠
以紫色圆珠为中心，两面穿粉色圆珠4颗，均以蛇结为间隔。最后编3个蛇结收尾。

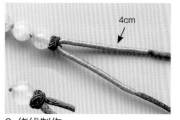

3. 绕线制作
穿1枚菠萝结，遮盖两线相交处。用6股彩金线在两根5号线上各绕线约4cm。

4. 右线编结
右线顺时针向上绕一圈，并从后穿出，形成环1（详见第三章第一节）。

5. 左线编结
左线逆时针绕一圈，穿入环1中，并形成环2。从上方向前穿入环2中，收紧同心结。

6. 编金刚结
用5号线编3个金刚结，使金刚结与同心结紧密相连。然后用彩金线绕线0.5cm。

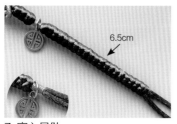

7. 穿入吊坠
穿入吊坠，卡在绕线部分，继续编金刚结约6.5cm。

8. 尾扣制作
继续绕线0.3cm，最后编1个纽扣结收尾。剪掉余线，烧熔固定。

9. 编调节扣
取粉紫色玉线20cm，在串珠一侧的链尾上编两个双向平结作为调节扣。

10. 尾链制作
尾线预留2cm长，穿1颗紫色圆珠，编蛇结固定。

11. 整体效果
手链整体效果舒心、浪漫，色调清新、可爱。

图6-27 同心永结手链制作方法

第七章 结与配件手链设计制作

配件多指金属配件，其种类繁多（包括各种造型的吊坠与吊牌、大孔隔珠、三通、链扣等），并有金属特有的质感与亮度，起到连接、提亮、装饰等功能与作用，因此一直活跃在手工艺的舞台上。结与配件的设计组合，可从某一侧面（加吊坠增加灵动感，加珠环增加光亮感，加链扣增加档次感，加吉祥配件寓意美好与祝福）衬托出手链的与众不同，光彩夺目，达到意想不到的效果。

一、幻彩情调手链特征

本款手链以金属八字扣及配件为设计主体，附之玉米结、蛇结、平结及绕线等技法，整体较为纤细也更显精致。配色以碧绿色线为基调，搭配湖蓝色和紫红色线，并用金色配件提亮，精致纯甄，色泽艳美，有股浓郁的幻彩情调，见图7-1。

图7-1 幻彩情调手链

二、材料准备（见图7-2）

图7-2 材料准备

净手围：15.5cm（后面从略）

1. 豆绿色72号玉线：65cm，4根；25cm，1根
2. 6股股线或彩金线：若干（紫红色、湖蓝色、深紫红色、海蓝色）
3. 天蓝色圆珠：6mm（直径），2颗
4. 包金八字扣：10mm（长），1枚
5. 包金珠：2.5mm（直径），2颗；3.5mm（直径），2颗
6. 包金单圈（闭口）：4mm（直径），12枚

三、幻彩情调手链制作方法（见图 7-3）

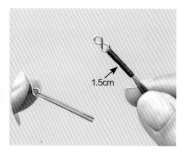

1. 绕线起头

对折 2 根 65cm 的 72 号玉线，穿入一侧八字扣中。用紫红色彩金线绕线 1.5cm。

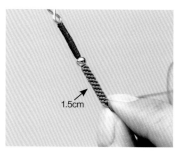

2. 串珠编结

穿 1 颗 3.5mm 包金珠，编玉米结 1.5cm（详见第三章第二节四）。

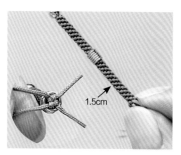

3. 穿单圈编结

穿 6 枚单圈（可用大孔珠代替），编玉米结 1.5cm。注意，第一个玉米结调至平整。

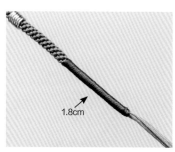

4. 绕线制作

用湖蓝色股线绕线 1.8cm。注意，绕线向上推紧，收紧轴线。

5. 蛇结收尾

以中间两根线为芯线，编两个夹芯蛇结。剪掉编线，烧熔固定。

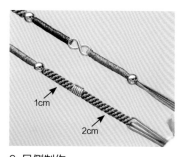

6. 另侧制作

用湖蓝色彩金线绕线，制作方法同步骤 1。玉米结为 1cm 与 2cm，同步骤 2、3，对称编制。

7. 绕线制作

同步骤 4、5。绕线为深紫红色股线，也可随自己喜好而定。

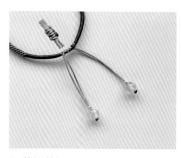

8. 装调节扣

编 3 组平结，调节松紧。链尾穿 1 颗包金珠和 1 颗圆珠，编蛇结固定。

9. 整体效果

手链整体效果色彩丰富，纤细别致，以金色配件提亮，绚丽夺目。

图 7-3 幻彩情调手链制作方法

一、玉兔雀跃手链特征

本款手链以绕线雀头结挂吊坠为设计主体，附之双联结、纽扣结及绕线等技法。玉兔吊坠在雀头结上轻盈跳动、交相辉映，如同玉兔欢呼雀跃，翩翩起舞，见图 7-4。

图 7-4 玉兔雀跃手链

二、材料准备（见图 7-5）

图 7-5 材料准备

1. 浅紫色 72 号玉线或 15 股股线：若干
2. 黄色 6 股彩金线：若干
3. 蓝色 5 号线：100cm，1 根
4. 线圈：6 枚（三渐变色）
5. 菠萝结：2 枚
6. 玉兔吊坠：1 枚

玉兔雀跃手链

三、玉兔雀跃手链制作方法（见图7-6）

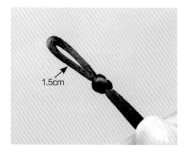

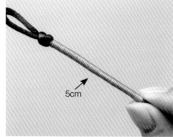

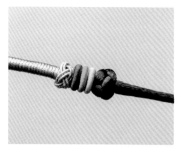

1. 留扣眼环

取5号线对折。预留扣眼环1.5cm，编1个双联结（详见第三章第一节二）。

2. 绕线制作

用72号线在5号线上绕线5cm。

3. 添加线圈

穿1枚菠萝结，将其卡在绕线末端，再穿3枚三渐变色线圈，编1个纽扣结固定。

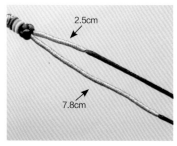

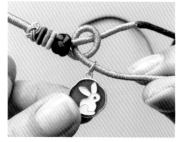

4. 绕线制作

分别以两根5号线为轴，用6股彩金线绕线2.5cm和7.8cm。

5. 编雀头结

以2.5cm绕线为轴线，7.8cm绕线为编线，先编前半个雀头结，穿吊坠且正面朝外。

6. 调整结体

编后半个雀头结，调线至雀头结左右对称。继续编纽扣结固定。

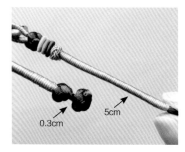

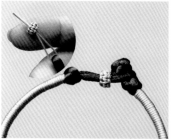

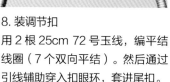

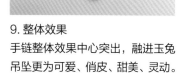

7. 另侧制作

颜色、编法与左侧对称。穿入线圈和菠萝结，然后绕线5cm，双联结连接绕线，间隔0.3cm编纽扣结收尾。

8. 装调节扣

用2根25cm 72号玉线，编平结线圈（7个双向平结）。然后通过引线辅助穿入扣眼环，套进尾扣。

9. 整体效果

手链整体效果中心突出，融进玉兔吊坠更为可爱、俏皮、甜美、灵动。

图7-6 玉兔雀跃手链制作方法

第三节 花珠欣舞手链设计制作

一、花珠欣舞手链特征

本款手链以双联结挂吊坠为装饰主体，附之八股辫、绕线技法。两个双联结相连，形成一种别致的花饰，搭配银色小花猪吊坠，可爱、萌动。佩戴时花珠互映、浪漫欣舞，文艺范十足，见图7-7。

图 7-7 花珠欣舞手链

二、材料准备（见图 7-8）

图 7-8 材料准备

1. 咖色 72 号玉线：100cm，3 根
2. 蓝绿色 72 号玉线：100cm，1 根
3. 银色 6 股彩金线：若干
4. 蓝绿色 3 股股线：若干
5. 银色吊坠：1 枚
6. 连接扣：3mm（孔径），1 组

花珠欣舞手链

三、花珠欣舞手链制作方法（见图 7-9）

1. 8 线排线
取 3 根咖色玉线和 1 根蓝绿色玉线，在中点处打一个活结，8 根线如图排列。

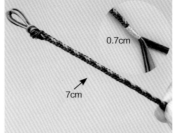

2. 编八股辫
编八股辫约 7cm（详见第三章第二节八）。银色彩金线绕线 0.7cm，固定八股辫。

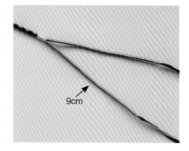

3. 绕线制作
用蓝绿色股线在两侧各绕线 9cm。

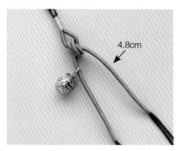

4. 编双联结
编 1 个横向双联结（详见第三章第一节二），调线后留 4.8cm 绕线，单线穿入吊坠。

5. 穿入吊坠
编 1 个横向双联结。连续两个双联结使其左右对称，且大小一致。

6. 编八股辫
将线按步骤 1 的颜色排列，编八股辫约 6cm。

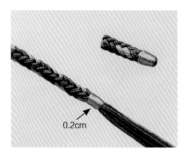

7. 绕线收尾
用蓝绿色股线在八股辫末端绕线 0.2cm。剪线、烧熔。

8. 绕线装饰
在双联结花饰两侧，用银色彩金线绕线 0.7cm，且左侧对称。在末端涂上珠宝胶水，套进连接扣粘牢。

9. 整体效果
手链整体效果以蓝色调为主，采用连接扣收尾，更显精致时尚、温润可人。

图 7-9 花珠欣舞手链制作方法

一、双喜良缘手链特征

本款手链以情侣雕刻配件为装饰主体，附之双色玉米结、包芯金刚结技法。将两条手链拼合在一起，成为"囍"字，寓意两情相悦、双喜良缘。手链颜色提取配件的黑、灰色，散发出个性独特、典雅时尚的魅力，见图7-10。

图 7-10 双喜良缘手链

二、材料准备（见图7-11）

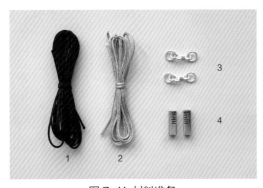

图 7-11 材料准备

1. 黑色 A 玉线：220cm，1根；250cm，1根
2. 浅灰色 A 玉线：100cm，1根；120cm，1根
3. 银色 S 扣：20mm（长），2枚
4. 情侣配件：13mm（长），1对

三、双喜良缘手链制作方法（见图 7-12）

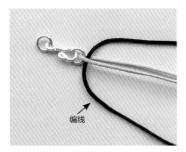

1. 加线
取 100cm 浅灰色玉线为芯线，对折穿入 S 扣的单圈。取 220cm 黑色玉线为编线，浅灰色玉线夹住黑色玉线的中点。

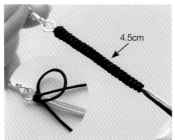

2. 编金刚结
编包芯金刚结约 4.5cm。注意编完 2 个金刚结后，将编线向上推紧，使其与单圈紧密相连。

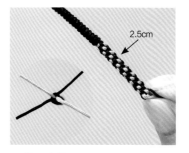

3. 编玉米结
4 根线以同色相对编玉米结 2.5cm。

4. 穿入配件
4 根线同时穿入情侣配件，继续编玉米结 2.5cm。

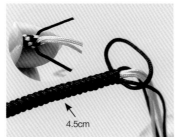

5. 编金刚结
以黑色玉线为编线，灰色玉线为芯线，编包芯金刚结约 4.5cm。收尾前留 2 个金刚结大小不编。

6. 穿入单圈
两根芯线穿入 S 扣的单圈，且穿入金刚结环内，继续编两个金刚结固定芯线。

7. 烧熔固定
收紧芯线，使金刚结与单圈紧密相连。剪掉所有余线，烧熔固定。

8. 整体效果
系上 S 扣。手链整体效果浪漫简约，寓意双喜临门，喜气洋洋。

图 7-12 双喜良缘手链制作方法

第五节 吉祥如意手链设计制作

一、吉祥如意手链特征

本款手链以吉祥结与如意扣配件为装饰主体，附之吉祥结、金刚结、绕线等技法。二者搭配的设计突出了尾扣与绕线吉祥结的装饰作用，其寓意为吉祥如意，吉庆祥瑞，洋溢了温馨喜庆之气，见图7-13。

图 7-13 吉祥如意手链

二、材料准备（见图7-14）

图 7-14 材料准备

1. A 玉线：100cm，1根；220cm，1根；
   35cm，2根
2. 3 股股线：若干
3. 银色如意扣：1枚

三、吉祥如意手链制作方法（见图 7-15）

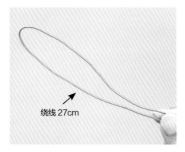

1. 绕线制作

取 A 玉线 100cm，在其 35cm 处开始用 3 股股线绕线 27cm。然后将绕线对折。

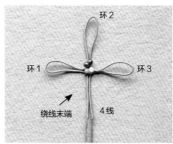

2. 做耳翼

用珠针将绕线摆出 3 个环。环 1 与环 3 相等，环 2 略长，且与 4 线（绕线末端）等长。

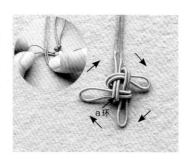

3. 编一层结

4 线压环 1 形成 a 环，顺时针环 1 压环 2，环 2 压环 3，环 3 从 a 环穿出（详见第三章第一节十一）。

4. 编二层结

收紧四个方向的环。重复步骤 3，调线至吉祥结完全收紧，可用钩针辅助。注意绕线末端等长。

5. 添加编线

取 A 玉线 220cm 为编线，将中点夹在吉祥结两线间，编包芯金刚结。顶部环为扣眼环。

6. 编金刚结

编金刚结约 12.5cm。注意编完 2 个金刚结后，将编线向上推紧，使其与绕线紧密相连。

7. 尾扣制作

将芯线对穿如意扣的尾环。同时穿入金刚结的环中。继续编 2 个金刚结固定。

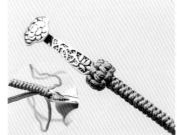

8. 平结线圈

用两根 35cm 的 A 玉线编 1 个平结线圈（7 个双向平结），将其置于收尾处，以作装饰。

9. 整体效果

系上如意扣。手链整体效果精美脱俗、吉祥喜庆、别具雅韵。

图 7-15 吉祥如意手链制作方法

第六节 轻云出岫手链设计制作

一、轻云出岫手链特征

手链主体在软管外编制 16 股辫，其配色为渐变的蓝色，并用对比色和银色点缀、提亮，形成的图案如同轻袅的云霞从山洞中飘散出来，故取名《轻云出岫》。手链色泽艳美、图案别致、饱满细滑，具有浓郁的民俗风情，见图 7-16。

图 7-16 轻云出岫手链

二、材料准备（见图 7-17）

图 7-17 材料准备

1. PVC 软管（偏硬）：20cm（长）×4mm（直径），1 根
2. 6 股股线或彩金线：110cm，8 根（海蓝色、湖蓝色、浅咖色、银色）
3. 蓝色 3 股股线：若干
4. 藏银连接扣：5.5mm（孔径），1 组

三、轻云出岫手链制作方法（见图 7-18）

1. 粘双面胶
在软管一端缠绕双面胶 2cm，用于固定编线。

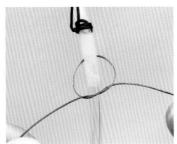

2. 打结加线
取 6 股股线 110cm，将中点置于软管背面，打一个活结。

3. 颜色配比
取编线 8 根，颜色与数量配比为 4:2:1:1，在软管上编十六股辫（详见第三章第二节九）。

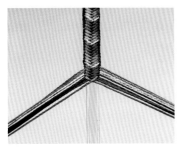

4. 正面效果
编制十六股辫时，不但要收紧每根线，还要注意用力均匀、排线紧密、规整。

5. 背面效果
每编一步，需查看背面的排线，排列紧密且不叠线。

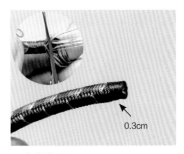

6. 绕线收尾
用 3 股股线绕线 0.3cm 收尾。剪掉余线与余管，余线烧熔固定。

7. 另侧收尾
另一侧末端绕线 0.3cm，剪掉余线，烧熔。手链编结完成。

8. 安装锁扣
在末端 0.3cm 处涂上珠宝胶水，套进连接扣，粘牢。

9. 整体效果
手链整体效果色彩丰富、细腻光滑、生动优美、古韵悠长。

图 7-18 轻云出岫手链制作方法

第八章 结与多元素组合手链设计制作

多元素组合相对单元素与两种元素的组合更为复杂些，多元化、多元素、多可能为设计者提供了广阔空间，同时也提出了更高要求。设计者应正确选择元素及色彩，准确表达设计细节与效果，发挥各种材质的优势，避免违和感，突出造型与组合能力。处理得当就会如虎添翼，使作品与众不同，光彩夺目，达到意想不到的效果。

一、雀跃欢歌手链特征

本款手链以鲤鱼配件为装饰主体，采用斜卷结、雀头结及串珠等技法综合而成。配色以天蓝色为主色，藏银色为辅色。该设计将雀头结组成涌动起伏的波浪，圆珠似溅起的浪花，鲤鱼欢快地尽情逐浪、雀跃欢歌。手链整体疏密相宜、静雅清幽，见图 8-1。

图 8-1 雀跃欢歌手链

二、材料准备（见图 8-2）

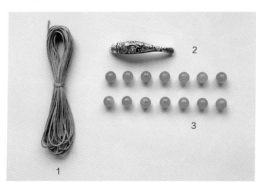

图 8-2 材料准备

净手围：15.5cm（后面从略）

1. 天蓝色72号玉线：90cm，1根；120cm，2根；25cm，1根
2. 藏银鲤鱼配件：长4cm，1枚
3. 天蓝色圆珠：6mm（直径），14～16颗

三、雀跃欢歌手链制作方法（见图 8-3）

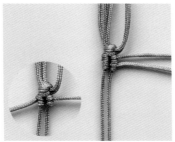

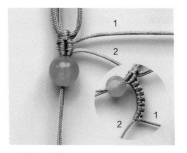

1. 布线加线

对折 90cm 玉线，且在中点处打 1 个活结，挂于挂钩。以其中两根线为轴线，另取 120cm 玉线为编线，中点置于左轴线下方。

2. 编右斜卷结

右侧编线向右依次在两根轴线上编 1 个右斜卷结。接着左编线同样向右依次编右斜卷结。

3. 编雀头结

两根轴线穿 1 颗圆珠。然后以线 2 为轴，线 1 在轴线上编 8 个雀头结。

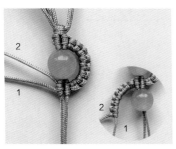

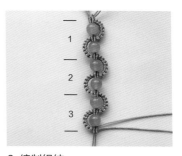

4. 编制两结

线 2 与线 1 向左依次在两根轴线上编 1 个左斜卷结。然后以线 1 为轴，线 2 在轴线上编 8 个雀头结。

5. 编右斜卷结

线 1 与线 2 向右依次在两根轴线上编 1 个右斜卷结。将八字形定义为 1 个单元结组。

6. 编制组结

按步骤 3 ~ 5 继续编 2 个单元结组。然后剪去编线，烧熔固定，形成起伏的波浪。

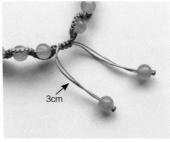

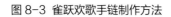

7. 穿配件

解开活结，穿入鲤鱼配件。另一侧同步骤 1 ~ 6。

8. 尾链制作

编平结调节扣。链尾穿 1 颗圆珠，编蛇结收尾。尾链长 3cm。

9. 整体效果

手链整体效果古朴悠然，玲珑曼妙，展示了一种别样的韵味。

图 8-3 雀跃欢歌手链制作方法

第二节 碧桂朱丹手链设计制作

一、碧桂朱丹手链特征

本款手串以串珠与挂坠为装饰主体，搭配背云、花球配件，采用绕线、蛇结等技法综合而成。配色以红色为主，并用零星的绿色和白色搭配，较为亮眼夺目，碧桂、朱丹的碰撞更能烘托出喜庆、美好的氛围。十八子手串外形是手链与挂饰的组合，具有祈福纳祥的寓意，常用于念珠在手中把玩，也可作为压襟等装饰，见图8-4。

碧桂朱丹手链1

碧桂朱丹手链2

图8-4 碧桂朱丹手链

二、材料准备（见图8-5）

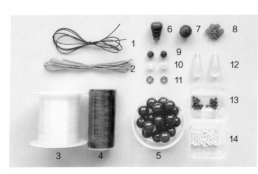

图8-5 材料准备

1. 红色弹力线：60cm，1根

2. 土黄色72号玉线：50cm，2根

3. 鱼线：0.2mm（直径），40cm，6根

4. 墨绿色3或6股股线：若干

5. 红色圆珠：10mm（直径），18颗

6. 碧绿色三通：15mm（长），1颗

7. 碧绿色雕花珠：12mm（直径），1颗

8. 碧绿色背云配件：20mm（宽），1颗

9. 碧绿色圆珠：6mm（直径），2颗

10. 白色圆珠：6mm（直径），2颗

11. 铜钱隔片：10mm（直径），2枚

12. 白色吊坠：22mm（长），2枚

13. 红色圆珠：2mm（直径），24颗

14. 白色圆珠：2mm（直径），48颗

三、碧桂朱丹手链制作方法（见图 8-6）

分四个部分介绍。

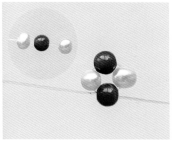

（一）做花球

1. 穿珠打底

取 40cm 鱼线，依次穿 2mm 白色圆珠、红色圆珠与白色圆珠，再左右线对穿 1 颗红色圆珠，移至鱼线中点收紧。

2. 连接成球

左右线穿 1 颗白色圆珠，再对穿 1 颗红色圆珠，收紧。重复此步骤 1 次。左右线穿 1 颗白色圆珠，对穿第 1 颗红色圆珠 A。

3. 稳固处理

左右线依次穿一侧的 4 颗白色圆珠，两线相聚一起打 1 个死结。两线同穿邻近珠，使死结藏在珠孔内，剪线。

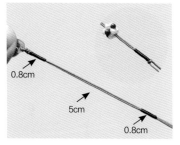

4. 花球数量

1 组花球需 4 颗红色圆珠和 8 颗白色圆珠。共制作 6 组花球。花球越稳固越好，防止松散。

（二）做挂环

1. 穿隔片

取 50cm 玉线，对穿隔片的侧孔，收紧时两线等长，然后编 3 个蛇结。

2. 穿花珠

用股线绕线 0.8cm，然后相隔 5cm，再绕线 0.8cm。穿入 2 组花球，编 1 个蛇结。

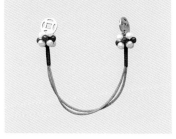

3. 穿另一隔片

继续将线对穿侧孔，收紧至预留的 2 个蛇结空隙，编 2 个蛇结收尾。剪掉余线，烧熔固定。

4. 挂环完成

将 2 组花球分别卡在蛇结处，挂环完成。

（三）穿手链

1. 穿珠

弹力线双线依次穿 9 颗红色圆珠、1 颗雕花珠和 9 颗红色圆珠，可用引线辅助。

图 8-6 碧桂朱丹手链制作方法

2. 穿挂环、三通

另取引线对折，穿入三通的底孔。将弹力线依次穿挂环、三通、挂环，然后拉出三通底孔的引线。

3. 加玉线

将引线换成 50cm 玉线，并取中。收紧弹力线，打结收尾。

（四）做吊坠

1. 穿吊坠

穿白色圆珠、花球、背云配件、花球，编 3 个蛇结，穿白色圆珠，最后编 2 个蛇结收尾。

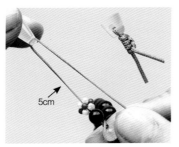

2. 穿尾坠

尾线依次穿碧绿色圆珠、花球和吊坠，距蛇结约 5cm，编 2 个斜卷结。

3. 整理

剪掉余线，烧熔固定。将花球卡在斜卷结处。

4. 整体效果

手链整体效果婉约而不失灵动与耀眼，柔美而不失古典与优雅，展示了腕间摇曳的生姿。

图 8-6 碧桂朱丹手链制作方法（续）

第三节 精灵物语手链设计制作

一、精灵物语手链特征

本款手链以貔貅配件和编结叶子为装饰主体，搭配花球、吊坠，采用斜卷结、金刚结和四股辫等技法综合而成。配色以黄色加天蓝色为主色，红白色为点缀色。在貔貅、叶子、花球、吊坠之间的相互对话中，感知貔貅似精灵般地诉说着财源广进的心灵物语，见图8-7。

图 8-7 精灵物语手链

二、材料准备（见图8-8）

图 8-8 材料准备

1. 蓝色 5 号线：120cm，1 根；40cm，1 根
2. 金色 6 股彩金线：若干
3. 红色 6 股彩金线：若干

4. 鱼线：0.2mm（直径），40cm，1 根
5. 金色貔貅配件：15mm（长），1 枚
6. 硬金吊坠：1 枚
7. 红色圆珠：2mm（直径），5 颗
8. 白色圆珠：2mm（直径），10 颗

精灵物语手链

三、精灵物语手链制作方法（见图8-9）

分四个部分介绍。

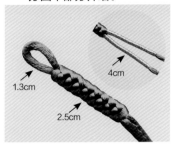

（一）一侧手链

1. 编结、绕线

对折120cm的5号线，编金刚结约2.5cm，预留扣眼环1.3cm。用金色彩金线分别绕线4cm。

2. 两股辫

将绕线逆时针拧两股辫，编1个蛇结固定。然后将两股辫拧紧。

3. 穿花球

穿入1个花球（花球编法详见《碧桂朱丹》），编蛇结固定。花球可用大孔珠代替。

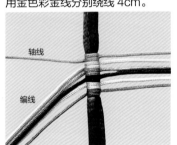

（二）编叶子

1. 加线

取6根30cm的红色彩金线编制叶子（此处用玉线展示）。将玉线的中点置于5号线下方，编斜卷结以最上面的玉线为轴线，其余5条线为编线。

2. 左侧一组斜卷结

从左侧开始，编线在轴线上依次编1个斜卷结。

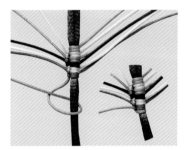

3. 左侧一组收尾

轴线在5号线上编半个斜卷结，收紧。

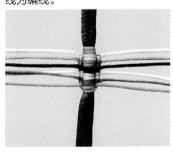

4. 右侧一组斜卷结

编右侧斜卷结。同步骤2、3。两侧编完，设为1组斜卷结。

5. 六组斜卷结

继续以最上面的玉线为轴线，其余5条线为编线，依次编1个斜卷结。设为第2组斜卷结。以此类推。

6. 平结收尾

两侧轴线在5号线上编1个双向平结，然后剪掉余线，烧熔固定。

图8-9　精灵物语手链制作方法

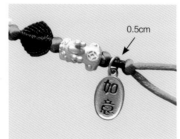

（三）装饰主体

1. 固定叶子

将叶子推至蛇结处，再编1个蛇结固定。

2. 穿配件

穿貔貅配件，编蛇结固定。用红色彩金线绕线0.5cm，穿吊坠，编蛇结固定。

（四）另测手链

1. 四股辫制作

取5号线40cm（此处用红线区分），中点夹在两线间，编四股辫。

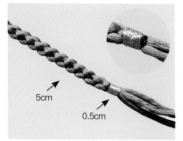

2. 绕线制作

编四股辫约5cm，然后用金色彩金线绕线0.5cm固定。剪去2根编线，烧熔固定。

3. 纽扣结收尾

编1个纽扣结收尾，剪掉余线，烧熔固定。

4. 整体效果

手链整体效果儒雅平和、风韵温婉，回归心灵寄托，延续时尚神韵。

图8-9 精灵物语手链制作方法（续）

一、静待花开手链特征

本款手链以编结叶子、串珠花朵为装饰主体，搭配吊坠、链子，采用绕线、斜卷结、线圈等技法综合而成。该设计为蓬勃生长的叶片和明艳秀丽的红白花朵营造出枝繁叶茂、静待花开的美好氛围，低调而奢华，精致而大气，见图 8-10。

图 8-10 静待花开手链

二、材料准备（见图 8-11）

图 8-11 材料准备

1. 浅蓝色 72 号玉线：35cm，4 根；25cm，5 根
2. 蓝色 6 股彩金线：若干
3. 珊瑚粉色 3 股股线：若干
4. 浅蓝色 3 股股线：若干
5. 白色玉石吊坠：10mm（长），1 枚
6. 白色贝壳花：10mm（直径），1 枚
7. 红色圆珠：4mm（直径），5 颗
8. 银珠：3mm（直径），3 颗
9. 荔枝冻手镯：4mm（宽）×58mm（直径），1 根
10. O 形链条：10cm（长），1 根

三、静待花开手链制作方法（见图 8-12）

分四个部分介绍。

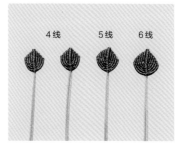

（一）制作叶子

1. 斜卷结叶子

对折 35cm 玉线。在双线上加 6 根 25cm 彩金线，制作 1 片斜卷结叶子（详见《精灵物语》叶子编法）。

2. 斜卷结叶子 2

将叶子向上推至 0.5cm 处，剪去编线和顶端轴线，烧熔固定。设半边为 1 片 6 线叶子。

3. 叶子数量

继续编 2 片 4 线叶子和 1 片 5 线叶子。

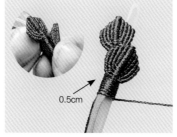
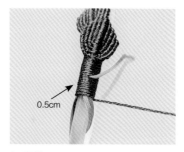

（二）组装叶子

1. 加叶片 1

将 1 片 4 线叶子置于手镯正面，用 220cm 彩金线先绕线 0.8cm。绕线时捏住绕线处，防止滑动。

2. 加叶片 2

叶片 1 偏向左侧。继续加 1 片 4 线叶子，偏向右侧，绕线 0.5cm。收紧轴线，然后双向推紧绕线。

3. 留线

预留 1 根右侧轴线，继续绕线 0.5cm。注意绕线后均推紧。

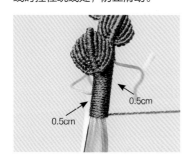
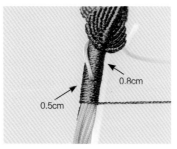
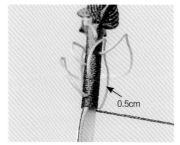

4. 加叶片 3

偏向左侧加 1 片 5 线叶子，然后绕线 0.5cm。预留 1 根左侧轴线，继续绕线 0.5cm。

5. 加叶片 4

偏向右侧加 1 片 6 线斜卷结叶子，然后绕线 0.8cm。预留 1 根中间的轴线，继续绕线 0.5cm。

6. 留线

依次在右侧、左侧、中间等位置预留 1 根线，并绕线 0.5cm 间隔。留 1 根轴线，最后绕线 0.5cm 收尾。

图 8-12 静待花开手链制作方法

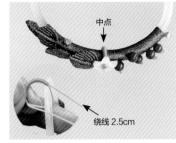

（三）做花朵

1. 做花咕嘟

在第1、2和末端线上各穿1颗银珠，其余线均穿红珠，在根部打1活结。剪掉余线，烧熔固定。

2. 制作花朵

取25cm玉线，用60cm浅蓝色股线绕线2.5cm，线圈大小可参照手镯粗细，并置于中点位置。穿贝壳花，编蛇结固定。

（四）做吊坠

1. 吊坠制作

取25cm玉线，用50cm浅蓝色股线绕线1.8cm。线圈收紧后穿入吊坠，编蛇结固定。

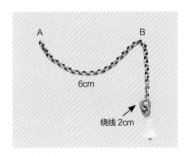

2. 连接链条

取玉线25cm，用50cm珊瑚粉色股线绕线2cm。制作线圈连接链条和吊坠。图中A点和B点间隔6cm。

3. 固定链条坠

将链条A点固定于第3片叶子背面，链条B点固定于手镯绕线末端。线圈绕线2.5cm，收紧后剪去轴线，烧熔固定。

4. 整体效果

手链整体效果花叶相拥、动静相融，使原本温润、清透的手镯楚楚动人、沁人心扉。

图8-12 静待花开手链制作方法（续）

第五节 花团锦簇手链设计制作

一、花团锦簇手链特征

本款手链以珠球和吊坠为装饰主体，搭配银色配件，采用绕线、玉米结、蛇结等技法综合而成。该设计以银色珠球和红黄吊坠为鲜艳的花朵，草绿底色为鲜活的枝叶，细腻灵动，色韵天成，点缀着春意盎然、花团锦簇的别样之美，见图8-13。

图 8-13 花团锦簇手链

二、材料准备（见图8-14）

图 8-14 材料准备

1. 草绿色 A 玉线：80cm，2 根
2. 草绿色 72 号玉线：80cm，1 根；25cm,7 根
3. 姜黄色 72 号玉线：25cm，8 根
4. 草绿色 3 股股线：若干
5. 姜黄色 3 股股线：若干
6. 蜜蜡水滴吊坠：10 ~ 20mm（长），1 枚
7. 朱砂枣珠：10mm（长），2 颗
8. 豆绿色圆珠：6mm（直径），10 颗
9. 银珠：2.5mm（直径），80 颗
10. 银色 S 扣：20mm（长），1 枚
11. 银吊坠：1 枚

三、花团锦簇手链制作方法（见图8-15）

分五个部分介绍。

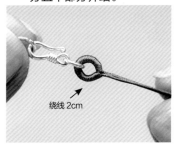

绕线2cm

（一）穿一侧珠

1. 线圈制作

取80cm草绿色72号玉线，穿入S扣的单圈后对折。用50cm的草绿色股线绕线2cm，制作线圈，轴线收紧后应等长。

2. 穿圆珠

双轴线穿5颗6mm圆珠，并编1个蛇结间隔。

（二）做珠球

1. 加编线、芯线

取2根80cm的A玉线，编1个玉米结，从背面穿入芯线后收紧（详见《雅淡幽姿》），继续编1个玉米结。

2. 穿银珠

4根编线各穿20颗银珠，末端打活结固定。为方便编制，将银珠推至距离玉米结8cm处，然后收紧编线。

3. 一组珠球

4根编线各推上1颗银珠，然后编1个玉米结，以此类推，共编5组，最后编1个玉米结收紧。

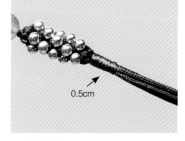

0.5cm

4. 绕线制作

穿1组珠球后，用姜黄色股线绕线0.5cm作为间隔，收紧每根线。

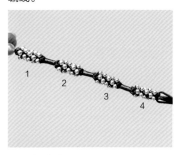

5. 四组珠球

同第一组珠球编制方法，共编制4组珠球，见步骤3。最后编1个玉米结收紧，绕线间隔。

（三）穿另侧珠

1. 穿圆珠

继续编1个玉米结，剪去编线，烧熔固定。芯线穿5颗圆珠，以蛇结间隔。

绕线2cm

2. 绕线收尾

穿入S扣的单圈，用50cm的草绿色股线绕线2cm，制作线圈收尾。主体手链完成。

图8-15 花团锦簇手链制作方法

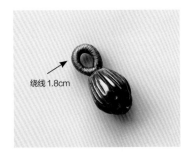

（四）做吊坠

1. 做枣珠坠

取 25cm 姜黄色 72 号玉线，用 50cm 的姜黄色股线绕线 1.8cm，制作线圈，穿入枣珠后编 1 个蛇结固定。共做 2 枚。

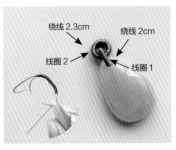

2. 做水滴坠

线圈 1：将姜黄色玉线穿入蜜蜡水滴吊坠，用 50cm 的姜黄色股线绕线 2cm。线圈 2：将草绿色玉线穿入线圈 1，用草绿色股线绕线 2.3cm。

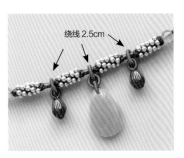

3. 装线圈坠

用 60cm 的姜黄色股线绕线 2.5cm，在三个线圈坠上分别加线制作线圈，固定于绕线处。

（五）整理收尾

1. 装饰线圈

取 25cm 的姜黄色玉线 2 根，草绿色玉线 4 根，制作 2 枚平结线圈（9 个平结），固定于玉米结与圆珠连接处。

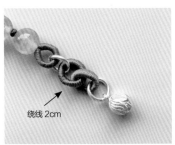

2. 延长链

在扣眼环上继续制作连环线圈，即绕线 2cm，作为延长链，尾部加上 1 枚银吊坠。

3. 整体效果

手链整体效果由内饰外，美不胜收。它不耀眼却总能让人魂牵梦绕，它不张扬却总能脱颖而出。

图 8-15 花团锦簇手链制作方法（续）

一、一剪寒梅手链特征

本款手链以梅花枝叶为装饰主体，搭配绕线手镯、链扣，采用串珠与线圈等技法综合而成。配色避开高纯度色，梅花颜色偏亮，底衬偏暗或偏灰色。梅花的美丽孤傲与清雅韵味令人神往，方寸之美，栩栩如生，见图8-1。

图 8-16　一剪寒梅手链

二、材料准备（见图8-17）

图 8-17　材料准备

1. 软管：4mm（直径），15cm，1根
2. 蓝灰色72号玉线：25cm，12根
3. 蓝灰色3股股线：若干
4. 浅灰色3股股线：若干
5. 粉色贝壳花：8mm（直径），2枚；10mm（直径），1枚
6. 透明色圆珠：4～6mm（直径），1颗
7. 深紫红色圆珠：2.5mm（直径），7颗
8. 银珠：2.5mm（直径），4颗
9. 银连接扣：4.5mm（孔径），1组

三、一剪寒梅手链制作方法（见图 8-18）

分四个部分介绍。

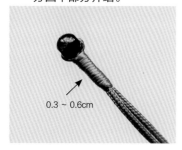

（一）素材制作

1. 单枝制作

取蓝灰色玉线穿 1 颗深紫红色圆珠后对折。用蓝灰色股线绕线 0.3 ~ 0.6cm。

2. 单枝数量

用相同方法制作深紫红色圆珠单枝 7 根，银珠单枝 1 根，备用。注意绕线长度不等。

3. 梅花制作

取蓝灰色玉线穿 1 颗银珠后对折。双线穿 1 枚贝壳花。共制作 3 朵梅花备用。

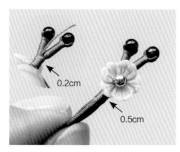

4. 花枝制作

取 2 根深紫红色圆珠单枝，合并绕线 0.2cm，加 1 朵 8mm 梅花，绕线 0.5cm，备用。

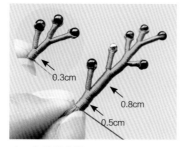

（二）梅枝制作

1. 枝干制作

取深紫红色圆珠单枝与银珠单枝，合并绕线 0.3 ~ 0.8cm（可参考图示布局）。

2. 添加花枝

枝干下面左侧加入备用花枝，绕线 0.3cm。

3. 添加花朵

枝干正面或右侧加入一朵 8mm 梅花，绕线 0.8cm 收尾。

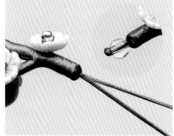

4. 穿珠收尾

芯线留中间 2 根线，余线剪掉，烧熔固定。双线穿 1 颗透明色圆珠，编 1 个蛇结收尾。

5. 调整塑形

将梅花枝干塑形，枝头向上起，末端向下压，调至最佳状态。

图 8-18 一剪寒梅手链制作方法

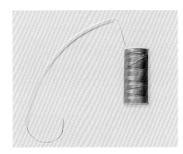

（三）主体制作

1. 引线穿管

用引线将浅灰色股线辅助穿入软管。然后在软管两端各剪 0.3cm 切口。

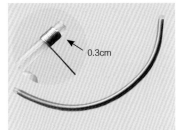

2. 管外绕线

将线团这端的股线卡进切口，开始绕线。绕线力度适中且均匀，不叠线、不推紧。

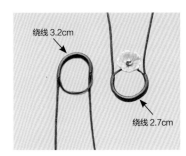

绕线 3.2cm

绕线 2.7cm

3. 线圈制作

线圈: 取玉线 25cm，绕线 3.2cm。
花朵线圈: 在花朵线上绕线 2.7cm。

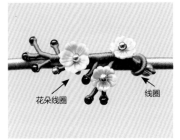

花朵线圈　　　线圈

（四）手链组合

1. 固定梅枝

花朵线圈置于梅枝的左端，且固定于软管 7cm 处。线圈置于梅枝右端，固定于软管上。

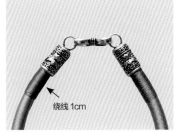

绕线 1cm

2. 装链扣

将胶水涂在软管末端，套进链扣。为了颜色呼应，可用蓝灰色股线绕线 1cm，也可省略。

3. 整体效果

调整梅花枝干的枝头使其贴合于软管。手链整体效果似一剪寒梅，高雅孤傲，惟妙惟肖。

图 8-18　一剪寒梅手链制作方法（续）